高等学校设计学类专业教学指导委员会推荐教材
"互联网+"新形态立体化教学资源特色教材

总主编　林家阳

景观与室内装饰工程预算

（第二版）

刘美英　蔺敬跃　主　编
邹涵辰　李淑云　副主编

中国轻工业出版社

图书在版编目（CIP）数据

景观与室内装饰工程预算 / 刘美英，蔺敬跃主编；
邹涵辰，李淑云副主编. --2版. --北京：中国轻工业
出版社，2025.3. --ISBN 978-7-5184-5310-8

Ⅰ. TU723.3

中国国家版本馆CIP数据核字第2025AA2582号

责任编辑：毛旭林
文字编辑：李婧瑶　　责任终审：劳国强　　　　设计制作：锋尚设计
策划编辑：毛旭林　　责任校对：朱　慧　朱燕春　　责任监印：张　可

出版发行：中国轻工业出版社（北京鲁谷东街5号，邮编：100040）
印　　刷：艺堂印刷（天津）有限公司
经　　销：各地新华书店
版　　次：2025年3月第2版第1次印刷
开　　本：870×1140　1/16　印张：8.5
字　　数：280千字
书　　号：ISBN 978-7-5184-5310-8　定价：58.00元
邮购电话：010-85119873
发行电话：010-85119832　010-85119912
网　　址：http://www.chlip.com.cn
Email：club@chlip.com.cn

序一
PROLOG 1

中国的艺术设计教育起步于20世纪50年代，改革开放以后，特别是90年代，进入一个高速发展的阶段。由于学科历史短、基础弱，艺术设计的教学方法与课程体系受苏联美术教育模式与欧美国家20世纪初形成的课程模式影响，呈现专业划分过细，实践教学比重过低的状态，在培养学生的综合能力、实践能力、创新能力等方面出现较多问题。

随着经济和文化的大发展，社会对于艺术设计专业人才的需求量越来越大，市场对艺术设计人才教育质量的要求也越来越高。为了应对这种变化，教育部将"艺术设计"由原来的二级学科调整为"设计学"一级学科，既体现了对设计教育的重视，也是进一步促进设计教育紧密服务于国民经济发展的必要。因此，教育部高等学校设计学类专业教学指导委员会也在这方面做了很多工作，其中重要的一项就是支持教材建设工作。

在教育部全面推进普通本科院校向应用型本科院校转型工作的大背景下，由林家阳教授任总主编的这套教材，在强调应用型教育教学模式、开展实践和创新教学，整合专业教学资源、创新人才培养模式等方面做了大量的研究和探索；一改传统的"重学轻术""重理论轻应用"的教材编写模式，以"学术兼顾""理论为基础、应用为根本"为编写原则，从高等教育适应和服务经济新常态，助力创新创业、产业转型和国家一系列重大经济战略实施的角度和高度来拟定选题、创新体例、审定内容，可以说是近年来高等院校艺术设计专业教材建设的力度之作。

设计是一门实用艺术，检验设计教育的标准是培养出来的艺术设计专业人才是否既具备深厚的艺术造诣、实践能力，同时又有优秀的艺术创造力和想象力，这也正是出版本套教材的目的。我相信在应用型本科院校的转型过程中，本套教材能对学生奠定学科基础知识、确立专业发展方向、树立专业价值观念、提升专业实践能力产生有益的引导和切实的借鉴，帮助他们在以后的专业道路上走得更长远，为中国未来的设计教育和设计专业的发展提供新的助力。

教育部高等学校设计学类专业教学指导委员会原主任
中国艺术研究院教授/博导 谭平

序二
PROLOG 2

办学，能否培养出有用的设计人才，能否为社会输送优秀的设计人才，取决于三个方面的因素：首先是要有先进、开放、创新的办学理念和办学思想；其次是要有一批具有崇高志向、远大理想和坚实的知识基础，并兼具毅力和决心的学子；最重要的是，我们要有一大批实践经验丰富、专业阅历深厚、理论和实践并举、富有责任心的教师，只有老师有用，才能培养有用的学生。

除了以上三个因素之外，还有一点也非常关键，我们还要有连接师生、连接教学的纽带——兼具知识性和实践性的课程教材。课程是学生获取知识能力的宝库，而教材既是课程教学的"魔杖"，也是理论和实践教学的"词典"。"魔杖"通过得当的方法传授知识，让获得知识的学生产生无穷的智慧，使学生成为文化创意产业的有生力量。这就要求教材本身具有创新意识。本套教材是从设计理论、设计基础、视觉设计、产品设计、环境艺术、工艺美术、数字媒体和动画设计等方向设置的系列教材，在遵循各自专业教学规律的基础上做了不同程度的探索和创新。我们也希望在有限的纸质媒体基础上做好知识的扩充和延伸，通过本套教材中的案例欣赏、参考书目和网站资料等，起到一部专业设计"词典"的作用。

我们约请了国内外大师级的学者顾问团队、国内具有影响力的学术专家团队和国内具有代表性的各类院校领导和骨干教师组成编委团队。他们中有很多人已经为本系列教材的诞生提出了很多具有建设性的意见，并给予了很多有益的指导。我相信以我们所具有的国际化教育视野以及我们对中国设计教育的责任感，能让我们充分运用这一套一流的教材，为培养中国未来的设计师奠定良好的基础。

教育部高等学校设计学类专业教学指导委员会副主任
教育部职业院校艺术设计学类专业教学指导委员会原主任
同济大学教授/博导　林家阳

前言
FOREWORD

预算工作包含设计概算、图纸预算和施工预算三方面内容，每个环节对于工程项目来说都有非常重要的意义。因此，预算员是工程企业的重要岗位之一，"景观与室内装饰工程预算"课程也是室内设计与环艺设计专业重要的岗位平台课之一。

本教材系统地讲述了景观工程和室内装饰工程的施工图预算程序及方法，其中包含了笔者在多个装饰公司和园林景观公司的下厂实践经验，是在与企业专家讨论分析的基础上，根据目前的行业需要，结合笔者的课堂教学经验总结编写而成，旨在培养学生履行预算员岗位职责的能力，夯实学生的职业技能。其特点如下。

1. 实用性。本课程是在园林景观和室内装饰设计专业主干课程已完成的基础上开始学习，故重点强调的是对学生实际操作能力的培养。教材中的教学案例清晰地体现了本课程的重点和难点，部分案例和课后练习还参考了全国造价员考试大纲及考试题型（包括所有的标准答案），便于学生日后的工作和考证。

2. 创新性。本教材的创新点在于以中小型装饰企业和景观公司工程技术岗位的人才培养为目标，以行业投标文件的编制为主线组织教学。同时，以任务驱动实践技能的学习，有的放矢地穿插理论知识，从而更好地适应高职学生的学习规律。

3. 简洁性。本教材筛选了初、中级造价员岗位的必要知识，结合与造价员职业道德相关的条文进行重点学习，工程预算相关知识的体量很大，其他内容则以培养职业技能为主，内容简洁，重点突出。

4. 规范性。本教材内容遵守造价行业相关法律法规，定额部分内容节选自《江苏省仿古建筑与园林工程计价表》（2007年版）和《江苏省建筑与装饰工程计价定额》（2014年）。第三章、第九章和第十四章中的报价表格，按照《建设工程工程量清单计价规范》（GB 50500—2013）的标准格式进行编制（表格编号与《规范》保持一致，故不纳入本书中的表格顺序编号）。

5. 思政性。本教材通过对工程造价相关法律法规和规范文件的科普，来培养和规范学生的职业素养，结合课后讨论题进一步加深学生对造价员职业道德的认知和理解。

近年来，专业建设和课程改革过程中涌现出了多种声音，本教材在第一版的基础上，做了多方面的调整和完善，虽不敢说这本教材已是很完备的了，但在符合学生认识规律的前提下，其作为对课程建设成果的总结和提高，在反映实践化课程的特点上前进了一大步。当然，不足之处肯定还是会有，真诚地希望大家可以提出宝贵建议，帮助我们进一步完善这本教材。

刘美英

课时安排

建议48课时
（16课时×3周）

章 节	课 程 内 容		课 时
第一篇 基础认知	第一章 工程预算基本概念	一、工程预算的概念 二、工程预算的特点 三、工程预算的分类 四、工程预算的作用 五、工程预算的职能	1课时
	第二章 相关制度和法律法规	一、相关制度 二、相关法律法规	1课时
	第三章 建筑工程费用及招投标	一、按照费用构成要素划分 二、按照工程造价形成划分 三、建筑工程招标与投标	1课时
	第四章 建筑工程定额	一、定额的概念 二、定额的分类 三、定额的特点 四、预算定额的作用	1课时
第二篇 景观工程预算	第五章 景观工程概述	一、绿化工程量计算 二、堆砌假山及塑假石山工程量计算 三、园路及园桥工程量计算 四、园林小品工程量计算	4课时
	第六章 景观工程量计算	一、绿化工程量计算 二、堆砌假山及塑假石山工程量计算 三、园路及园桥工程量计算 四、园林小品工程量计算 五、工程量计算案例	4课时
	第七章 景观工程定额及应用	一、园林工程预算定额内容简介 二、绿化定额相关说明 三、绿化工程预算定额解读 四、定额应用案例	4课时
	第八章 景观工程费用计算	一、景观工程费用特点 二、景观工程费用内容 三、景观工程费用计算案例	4课时
	第九章 景观工程量清单报价	一、计价软件应用 二、工程量清单计价案例	4课时

续表

章 节		课 程 内 容		课 时
第三篇 室内装饰工程预算	第十章 室内装饰工程量计算	一、工程量计算的规则与方法 二、建筑面积工程量计算 三、装饰部位工程量计算		4课时
	第十一章 建筑装饰工程预算定额编制	一、定额的编制原则 二、定额的编制依据 三、定额的编制程序与方法		2课时
	第十二章 建筑装饰工程预算定额及应用	一、定额的内容 二、定额的应用		4课时
	第十三章 室内装饰工程费用计算	一、工程费用计算规则 二、工程费用计算案例		2课时
	第十四章 室内装饰工程量清单报价	一、计价方法概述 二、工程量清单的内容及格式 三、分部分项工程量清单编制 四、工程量清单报价案例		6课时
	第十五章 室内装饰工程协商报价	一、个体住宅装饰工程特点 二、住宅装饰工程计价原则 及其方法 三、市场协商报价案例		2课时
复习考试				4 课时

目录
contents

第一篇
基础认知

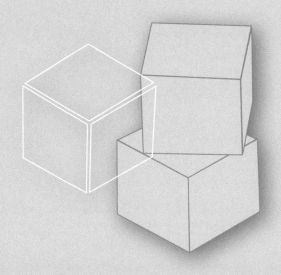

第一章 工程预算基本概念

一、工程预算的概念

建设工程是人类有组织、有目的、大规模的经济活动，是为人类生活、生产提供物质技术基础的各类建筑物和工程设施的统称，涵盖房屋建筑工程、装饰工程、安装工程、园林景观工程、市政工程、铁路工程、公路工程、水利工程、港口工程等多类工程。

工程预算即根据工程设计图纸（设计图和施工图）、工程预算定额（国家定额或地方标准）、费用定额（间接费用定额）、材料预算价格及相关规定，预先计算和确定整个工程所需的全部费用。

工程所需的全部费用即工程的建造价格，即通常所说的工程造价。从不同角度看，工程造价有不同的含义。第一种含义是从项目建设方角度提出的，工程造价是指有计划地建设某项工程，预期开支或实际开支的全部固定资产投资和流动资产投资的费用，即工程造价就是工程投资费用。第二种含义是从工程交易或工程承发包方角度提出的，工程造价是指为建设某项工程，预计或实际在土地市场、设备市场、技术劳务市场、承包市场等交易活动中，形成的工程承发包价格，即工程的交易价格；它是一个狭义的概念，是建筑市场通过招投标，由需求主体投资者和供给主体建筑商共同认可的交易价格。

二、工程预算的特点

工程预算涉及比较广泛的经济理论和政策，以及一系列的技术、组织和管理因素，如建筑识图、房屋构造、材料与施工工艺等相关知识。

建设工程是一种特殊的工业产品，表现在生产地点固定、生产过程复杂、周期长、投资大，生产过程受许多因素（如管理水平、技术水平、市场波动）的影响。由于它的特殊性，决定了其价格的确定不同于一般的工业产品，一般工业产品可以批量生产、统一定价，而每一项建筑工程价格必须通过建筑市场建设项目的招投标，由投资者与中标企业，即业主与承包商共同商定确定价格。所以，建设工程的预算价格有其自身的特点。

1. 大额性

大多数建设工程要发挥工程项目的投资效用，其工程造价都非常昂贵，动辄数百万元、数千万元，特大的工程项目造价可达百亿元人民币。

2. 个别性

任何一项工程都有特定的用途、功能和规模。因此，对每一项工程的结构、造型、空间分割、设备配置和内外装饰都有具体的要求，所以工程内容和实物形态都具有个别性、差异性。产品的差异性决定了工程价格的个别性。同时，每期工程所处的地理环境也不相同，使这一特点得到了强化。

3. 动态性

任何一项工程从决策到竣工交付使用，都有一个较长的建设周期，在建设期内，往往由于不可控制因素的原因，产生了许多影响工程造价的动态因素。如设计变更、材料及设备价格波动、工资标准，以及取费费率的调整、贷款利率及汇率的变化，都必然会影响工程费用的变动。所以，工程费用在整个建设期处于不确定状态，直至竣工决算后才能最终确定工程的实际价格。

4. 层次性

由于每个建设项目的内容都繁杂不一，要直接、准确地计算出建设工程整个项目的总费用，一般难度较大。因此，计算工程费用时要根据从局部到整体的计价原则进行分部计算，依次按照建设项目中分项工程、分部工程、单位工程、单项工程的相关费用，分层次汇总方可得出整个项目的总费用。

5. 兼容性

首先，表现在其本身具有的两种含义；其次，表现在工程造价构成的广泛性和复杂性。工程造价除建筑安装工程费用、设备及器具购置费用外，土地征用费用、项目可行性研究费用、规划设计费用、政策（产业和税收政策）相关费用等也占有相当大的份额。盈利的构成较为复杂，资金成本较大。

三、工程预算的分类

由于建设工程投资额巨大、建设周期长、工程内容多样，并且通常是分段进行的，为适应各施工阶段的费用控制与管理，要相应地在不同阶段进行计价，多次计价实际上是一个逐步深化与细化的、逐步接近实际费用的过程。因此，工程预算有着不同的分类方法。

1. 按照工程类别

一般可分为建筑工程预算、装饰工程预算、安装工程预算、园林景观工程预算、市政工程预算、公路工程预算等。其中，装饰工程预算又可以细分为室内装饰工程预算和室外装饰工程预算两种。

2. 按照工程层次

一般可以分为建设项目工程预算、单项工程预算、单位工程预算和分部工程预算、分项工程预算。

由于大多数建设工程内容较多、项目较繁杂，所以整体计价和单项计价都非常必要。通常会将一个内容多、项目较繁杂的建设工程分解成较为简单、具有统一特征、可以用较为简单的方法来计算其劳动消耗的基本项目，然后再进行计价。

建设工程的层层分解，可以通过对建设项目划分的过程来进行描述和理解。

建设工程按照其建设管理和建设产品定价的需要，一般可依次划分为建设项目、单项工程、单位工程、分部工程、分项工程五个层次，如图1-1所示。

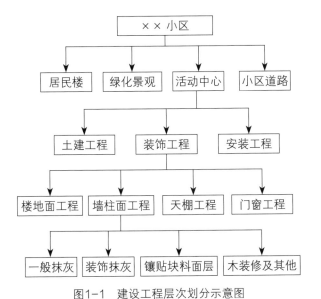

图1-1 建设工程层次划分示意图

1）建设项目

建设项目一般是在一个总体设计范围内由一个或几个单项工程组成。具体是指，在经济上实行独立核算、行政上实行统一管理、具有独立法人资格的企事业单位的建设活动。只要符合这些条件的都可分别称为一个建设项目，例如一个工厂、一所大学。

2）单项工程

单项工程是建设项目的组成部分。它是指具有独立的设计文件、竣工后可以独立发挥生产能力或使用效益的工程。例如，一所大学的教学大楼、办公大楼、园林景观等，它们分别为独立的单项工程。如图1-1中第二行的所有项目。

3）单位工程

单位工程是指具有独立的设计文件，能进行独立施工，但建成后不能独立发挥生产能力或使用效益的工程。例如，一栋大楼或一个房间的土建工程、装饰工程、电气照明工程、给排水工程等，它们都是独立的单位工程。如图1-1中第三行的所有项目。

4）分部工程

分部工程是单位工程的组成部分，一般按工种、工艺、部位及费用性质等因素来划分。建筑装饰工程的分部工程一般可划分为：a.楼地面工程；b.墙柱面工程；c.天棚工程；d.门窗工程；e.油漆、涂料、裱糊工程；f.其他工程；g.装饰装修脚手架及项目成品保护费；h.垂直运输及超高增加费。如图1-1中第四行的所有项目。

5）分项工程

分项工程是分部工程的组成部分。按照分部工程的划分原则，再进一步将分部工程划分为若干个分项工程。例如，顶棚工程可以划分为石膏板吊顶、塑料扣板吊顶、矿棉板吊顶、铝合金彩条板吊顶等。如图1-1中第五行的所有项目。

分项工程划分的粗细程度，视具体编制预算的要求而定。实际操作中，一般以单位工程为对象来计算工程费用，由于各个建设工程在数量和内容上并不完全相同，为了解决客观上建设工程价格水平一致的要求，在工程预算的过程中，我们要把每个工程分解到最基本的构造要素即分项工程后进行计价。

任何一项建设工程都可以经过多次分解，成为若干个分项工程。我们只要根据施工图的要求，以分项工程为对象计算工程量和工程费用，再将分项工程费用汇总为分部工程费用，然后把分部工程费用汇总为单位工程费用，经过多次逐层汇总，最终准确计算出整个建设项目的预算费用。通过这种方式，可以较好地解决各个建设工程内容不同，而又要求其价格水平保持一致的矛盾。

3. 按照不同阶段

一般可分为投资估算、设计概算、施工图预算、施工预算和竣工决算五种形式。

1）投资估算

投资估算是在项目投资决策过程中，依据现有的资料和特定的方法，对建设项目的投资数额进行的估计。它是项目建设前期编制项目建议书和可行性研究报告的重要组成部分，是项目决策的重要依据之一。投资估算的准确与否不仅影响可行性研究工作的质量和经济评价结果，而且直接关系到下一阶段设计概算和施工图预算的编制，对建设项目资金筹措方案也有直接的影响。因此，全面准确地估算建设项目的工程造价，是可行性研究乃至整个决策阶段造价管理的重要任务。

2）设计概算

设计概算是建设项目初步设计文件的重要组成部分，它是在投资估算的控制下，由设计单位根据初步设计或扩大初步设计的图纸及说明，利用国家或地区颁发的概算指标、概算定额或综合指标预算定额、设备材料预算价格等资料，按照设计要求，概略地计算建筑物或构筑物价格的文件。其特点是，编制工作相对简略，无需达到施工图预算的准确程度。

设计概算是编制建设项目投资计划、确定和控制建设项目投资的依据，也是签订建设工程合同和贷款的依据。设计概算还是控制施工图设计和施工图预算的依据，也是衡量设计方案技术经济合理性、选择最佳设计方案、考核建设项目投资效果的依据。

3）施工图预算

施工图预算是在施工图设计完成后，工程开工前，根据已批准的施工图纸、现行的预算定额、费用定额和地区人工、材料、设备与机械台班等资源价格，在施工方案或施工组织设计已大致确定的前提下，按照规定的计算程序计算各项费用，确定单位工程造价的技术经济文件。

4）施工预算

施工预算是施工单位内部编制的一种预算。目的是使施工阶段在施工图预算的控制下，根据施工图计算的工程量、施工定额、单位工程施工组织设计等资料，合理地控制完成一个单位工程或其中的分部工程所需的人工、材料、机械台班消耗量及其相应费用。是施工企业进行工料分析、下达施工任务和进行施工成本管理的依据。

5）竣工决算

竣工决算又称竣工成本决算，是以实物数量和货币指标为计量单位，综合反映竣工项目从筹建开始到项目竣工交付使用为止的全部建设费用、投资效果和财务情况的总结性文件，是考核建设成本的重要依据。竣工决算既能够正确反映建设工程的实际费用和投资结果，又可以通过与概算、预算进行对比分析，考核投资控制的工作成效，为工程建设提供重要的技术经济方面的基础资料，提高未来工程建设的投资效益。

这五种形式的工程预算，是建设工程从规划设计到竣工完成各阶段的费用计算，它们之间有着内在的联系，如表1-1所示。

表1-1　　　　　　　　　　　　　各阶段工程预算相互联系表

阶段进展名称	规划设计或初步设计阶段	施工图设计阶段	施工图实施阶段	竣工验收阶段
图样依据	规划设计图或初步设计图	施工设计图	施工设计图	竣工图
预算名称	设计概算	施工图预算	施工预算	竣工决算
定额依据	概算指标或概算定额	预算定额	施工定额	合同单价

四、工程预算的作用

通常所讲的工程预算为施工图预算。

在工程建设实施过程中，施工图预算作为一个重要的经济技术文件，无论是对投资方还是对施工企业，甚至是对工程咨询和工程造价管理部门来说，都具有十分重要的作用。对于投资方，施工图预算的作用主要体现在以下三个方面。

①施工图预算是控制造价及资金合理使用的依据。施工图预算确定的预算费用是工程的计划成本，投资方按施工图预算费用筹集建设资金，并控制资金的合理使用。

②施工图预算是确定工程招标控制价的依据。在设置招标控制价的情况下，建设工程的招标控制价可按照施工图预算来确定。招标控制价通常是在施工图预算的基础上，考虑工程的特殊施工措施、工程质量要求、目标工期、招标工程范围以及自然条件等因素进行编制的。

③施工图预算是拨付工程款及办理工程结算的依据。

对于工程施工企业，施工图预算的作用主要体现在以下几个方面。

①施工图预算是施工企业投标时"报价"的参考依据。在激烈的市场竞争中，施工企业需要根据施工图预算结果，结合企业的投标策略，确定投标报价。

②施工图预算是工程预算包干的依据和签订施工合同的主要内容。在采用总价合同的情况下，施工单位通过与建设单位的协商，可在施工图预算的基础上，考虑设计或施工变更后可能发生的费用与其他风险因素，增加一定系数作为工程价格一次性包干。同样，施工企业与建设单位签订合同时，其中的工程价款相关条款也必须以施工图预算为依据。

③施工图预算是施工企业安排调配施工力量，组织材料供应的依据。施工企业各职能部门可根据施工图预算编制劳动力供应计划和材料供应计划，并由此做好施工前的准备工作。

④施工图预算是施工企业控制成本的依据。施工图预算确定的中标价格是施工企业收取工程款的依据，企业只有合理利用各项资源，采取先进技术和管理方法，将成本控制在施工图预算价格之内，企业才会获得良好的经济效益。

⑤施工图预算是进行"两算"对比的依据。施工企业可以通过施工图预算和施工预算的对比分析，找出工程预算成本与计划成本的差距，并采取必要的措施控制工程成本。

五、工程预算的职能

1. 预测职能

由于工程预算具有大额性和动态性，无论是投资者或是承包商，都要对拟建工程进行预先测算。投资者预先测算工程费用不仅是作为项目决策的依据，同时也是筹集资金、控制费用的依据。承包商对工程费用的测算，既是为投标决策提供依据，又是为投标报价和成本管理提供依据。

2. 控制职能

工程预算的控制职能表现在两个方面：一方面是它对投资的控制，即在投资的各个阶段，投资者根据多次预估，对预算进行全过程、多层次的控制；另一方面，也是对以承包商为代表的商品和劳务供应企业的成本控制。在价格一定的条件下，企业的实际成本开支决定着企业的盈利水平，成本越高，盈利越低。成本高于价格，就会危及企业的生存。所以，企业要以工程预算来控制成本，利用工程预算提供的信息资料作为控制成本的依据。

3. 评价职能

工程预算是评价总投资和分项投资效益的主要依据之一。评价土地价格、建筑安装产品和设备价格的合理性时，必须利用工程预算资料；在评价建设项目偿贷能力、获利能力和宏观效益时，也要依据工程预算。此外，工程预算也是评价建筑安装企业管理水平和经营成果的重要依据。

4. 调节职能

工程建设直接关系到经济增长，也直接关系到国家重要资源的分配和资金流向，对国计民生都有着重要影响。

课后练习[1]

一、单选题

1. 一个建设项目往往包含多项能够独立发挥生产能力和工程效益的单项工程，一个单项工程又由多个单位工程组成。这体现了工程预算（　　）特点。
   A. 个别性
   B. 差异性
   C. 层次性
   D. 动态性

2. 通常所讲的工程预算即为（　　）。
   A. 施工预算
   B. 施工图预算
   C. 设计概算
   D. 竣工决算

3. 具备独立施工条件并能形成独立使用功能的建筑物及构筑物的是（　　）。
   A. 单项工程
   B. 单位工程
   C. 分部工程
   D. 分项工程

4. 施工图预算是进行"两算"对比的依据，"两算"指的是（　　）。
   A. 施工图预算与施工预算
   B. 施工预算与竣工决算
   C. 施工图预算与设计概算
   D. 设计概算与竣工决算

5. 多个（　　）可以组成一个分部工程。
   A. 单项工程
   B. 分项工程
   C. 单位工程
   D. 建设项目

6. 工程项目建设的正确顺序是（　　）。
   A. 设计、施工、决策
   B. 决策、施工、设计
   C. 决策、设计、施工
   D. 设计、决策、施工

7. 工程预算的特殊职能一般不表现在（　　）。
   A. 预测职能
   B. 控制职能
   C. 评价职能
   D. 监督职能

8. 施工预算一般用于建设工程的哪个阶段（　　）。
   A. 方案设计阶段
   B. 施工图设计阶段
   C. 施工图实施阶段
   D. 竣工验收阶段

二、多选题

1. 关于施工图预算，下列论述不正确的有（　　）。
   A. 施工图预算是施工企业控制成本的依据
   B. 施工图预算是签订施工合同的主要内容
   C. 施工图预算是评价建筑安装企业管理水平的依据
   D. 施工图预算是确定工程数量的依据
   E. 施工图预算是确定工程单价的依据

2. 工程预算的特点是（　　）。
   A. 兼容性
   B. 稳定性
   C. 动态性
   D. 普遍性
   E. 层次性

3. 下列属于工程预算类型的是（　　）。
   A. 施工预算
   B. 投资估算
   C. 竣工结算
   D. 设计概算
   E. 施工图预算

4. 分部工程是单位工程的组成部分，一般按照（　　）因素划分。
   A. 部位　　　　　　　　B. 造价
   C. 工种　　　　　　　　D. 工艺
   E. 费用性质

5. 初步设计图不可以用作哪类预算的依据（　　）。
   A. 施工预算　　　　　　B. 施工图预算
   C. 设计概算　　　　　　D. 竣工决算
   E. 投资估算

三、讨论题

1. 装饰公司预算岗位的工作职责、工作程序和工作方法有哪些？

2. 预算员岗位需要具备哪些职业素养？

---

[1] 各章"课后练习"答案可通过扫描第135页的二维码进行查阅。

第二章　相关制度和法律法规

一、相关制度

1. 建设工程造价人员执业资格制度

1996年8月，人事部、建设部联合发布的《造价工程师执业资格制度暂行规定》，明确了我国在工程造价领域开始实施造价工程师执业资格制度。凡从事工程建设活动（建设、设计、施工、工程造价咨询、工程造价管理等）的单位和部门，必须在计价、评估、审核（查）、控制及管理等岗位配备有造价工程师执业资格的专业技术人员。

目前，在我国从事工程造价相关工作的人员，主要包括国家注册造价工程师和造价员，以及省级注册的各专业造价员。在省级造价员管理方面，各省之间有一定的差别，比如有些省造价员不分等级，而江苏省造价员分初级、中级、高级三个等级；有些省造价员的专业划分和国家造价员一样，分为土建和安装两个专业，有些省则划分更细一些，如江苏省造价员分为土建、装饰、安装和市政四个专业。造价师和造价员实行注册执业管理制度，即必须通过国家或地方的造价工程师或造价员执业资格统一考试或者资格认定等，取得执业资格，并按有关规定注册，取得注册证书和执业印章，方可从事相关工作。

1）造价工程师执业资格考试
造价工程师执业资格考试实行全国统一大纲、统一命题、统一组织的办法。原则上每年举行一次。凡中华人民共和国公民，遵纪守法并具备以下条件之一者，均可申请参加造价工程师执业资格考试：

a. 工程造价专业大专毕业后，从事工程造价业务工作满5年；工程或工程经济类大专毕业后，从事工程造价业务工作满6年。
b. 工程造价专业本科毕业后，从事工程造价业务工作满4年；工程或工程经济类本科毕业后，从事工程造价业务工作满5年。
c. 获上述专业第二学士学位或研究生班毕业和获硕士学位后，从事工程造价业务工作满3年。
d. 获上述专业博士学位后，从事工程造价业务工作满2年。

通过造价工程师执业资格考试合格者，由省、自治区、直辖市人事（职改）部门颁发造价工程师执业资格证书，该证书全国范围内有效，并作为造价工程师注册的凭证。

造价工程师执业资格考试分四个科目：《工程造价管理基础理论与相关法规》《工程造价计价与控制》《建设工程技术与计量》《工程造价案例分析》。其中，《建设工程技术与计量》分为"土建"与"安装"两个子专业，报考人员可根据工作实际选报其一。

2）造价工程师须知
依据《注册造价工程师管理办法》（中华人民共和国建设部令第150号，自2007年3月1日起施行）第三章，通过全国造价工程师执业资格统一考试或者资格认定、资格互认，取得中华人民共和国造价工程师执业资格，并取得中华人民共和国造价工程师注册执业证书和执业印章，从事工程造价活动的专业人员（以下简称注册造价工程师）具有下列权利和义务：

（1）注册造价工程师享有下列权利：
a. 使用注册造价工程师名称；
b. 依法独立执行工程造价业务；
c. 在本人执业活动中形成的工程造价成果文件上签字并加盖执业印章；
d. 发起设立工程造价咨询企业；
e. 保管和使用本人的注册证书和执业印章；
f. 参加继续教育。

（2）注册造价工程师应当履行下列义务：
a. 遵守法律、法规、有关管理规定，恪守职业道德；
b. 保证执业活动成果的质量；
c. 接受继续教育，提高执业水平；
d. 执行工程造价计价标准和计价方法；
e. 与当事人有利害关系的，应当主动回避；
f. 保守在执业中知悉的国家秘密和他人的商业、技术秘密。

（3）注册造价工程师应当在本人承担的工程造价成果文件上签字并盖章。

（4）修改经注册造价工程师签字盖章的工程造价成果文件，应当由签字盖章的注册造价工程师本人进行；注册造价工程师本人因特殊情况不能进行修改的，应当由其他注册造价工程师修改，并签字盖章；修改工程造价成果文件的注册造价工程师对修改部分承担相应的法律责任。

（5）注册造价工程师不得有下列行为：

a. 不履行注册造价工程师义务；

b. 在执业过程中，索贿、受贿或者谋取合同约定费用外的其他利益；

c. 在执业过程中实施商业贿赂；

d. 签署有虚假记载、误导性陈述的工程造价成果文件；

e. 以个人名义承接工程造价业务；

f. 允许他人以自己名义从事工程造价业务；

g. 同时在两个或者两个以上单位执业；

h. 涂改、倒卖、出租、出借或者以其他形式非法转让注册证书或者执业印章；

i. 法律、法规、规章禁止的其他行为。

（6）造价工程师的注册有效期为4年。

3）造价员执业资格考试

取得造价员初、中级水平资格证需通过全省组织的统一考试。造价员资格考试一般每年举行一次，考试内容为《工程造价基础知识》和《工程计量与计价实务》（案例）两个科目。高级水平资格证取得采取本人申请、单位推荐、案例考试、省评审委员会认定相结合的方式进行。造价员资格考试合格者，由各省管理机构颁发由中国建设工程造价管理协会统一印制的《全国建设工程造价员资格证书》及专用章。

凡遵纪守法，恪守职业道德者，无不良从业记录，年龄在60周岁以下，可按以下条件申请报考：

（1）报考初级水平应具备下列条件之一：

a. 工程造价专业中专及以上学历；

b. 其他专业中专（或高中）及以上学历，从事工程造价工作满一年。

（2）报考中级水平应具备下列条件之一：

a. 取得初级水平证书，近两年至少有两项工程造价方面的业绩；

b. 具有工程造价专业或工程经济专业大专及以上学历，从事工程造价工作满两年。

（3）申报高级水平应同时具备下列条件：

a. 具有中级造价员资格四年以上；

b. 具有中级以上技术职称；

c. 近两年在工程造价编审、管理、理论研究、著书教学等方面有显著业绩。

4）造价员从业须知

造价员必须受聘于一个工作单位，并可以从事以下与专业水平相符合的工程造价业务：

高级水平：可以从事各类建设项目相关专业工程造价的编制、审核和控制；

中级水平：可以从事工程造价5000万元人民币以下建设项目的相关专业工程造价编制、审核和控制；

初级水平：可以从事工程造价1500万元人民币以下建设项目的相关专业工程造价编制。

造价员应当在本人承担的相关专业工程造价业务文件上签名并盖造价员专用章，承担相应的岗位责任。

造价员须进行自律管理，遵守国家法律、法规和行业技术规范，维护国家和社会公共利益，恪守职业道德，诚实守信，保证工程造价业务文件的质量，接受工程造价管理机构的从业行为检查。因造价员本人的行为过错给单位或当事人造成重大经济损失，或者造价员发生以下禁止行为且情节严重的，由省级管理机构注销其造价员资格证：

a. 以欺骗、作弊的手段取得资格证书或私自涂改资格证书；

b. 同时在两个（含两个）以上单位从业；

c. 允许他人以自己名义从业或转借专用章；

d. 违反法律、法规、政府计价规定和诚信原则编制工程造价文件；

e. 故意泄露从业过程中获取的当事人商业和技术秘密；

f. 与当事人串通谋取不正当利益；

g. 超越资格等级从事工程造价业务；
h. 法律、法规禁止的其他行为。

5）国外造价工程师执业资格制度简介
在英国，造价人员执业资格的考试与认证制度始于1891年，其考试、审核和实施是由专业学会或协会负责的。造价工程师称为工程测量师，被认为是工程建设领域的经济师，在工程建设全过程中，按照既定工程项目确定投资，在实施的各阶段、各项活动中控制造价，使最终造价不超过规定投资额。无论受雇于政府还是企事业单位的测量师都是如此，社会地位很高。

美国的造价工程师执业资格考试由美国国际工程师造价促进会（前身为美国造价工程师协会于）1976年创立，较英国及一些英联邦国家成立的时间迟了很多，但其发展速度较快。在专业理论、研究和实际应用等方面，在学习和借鉴英国工程造价的基础上，按照市场的实际需要不断调整和改进自身的专业内容和标准，使其在世界同行中的地位和影响力越来越大。

此外，日本作为当今建筑业较为发达的国家之一，一直非常重视工程造价专业人员的准入管理。在日本，工程造价师被称为建筑积算师。

2. 工程造价咨询管理制度
工程造价咨询是指工程造价咨询机构面向社会接受委托，承担建设工程项目的可行性研究、投资估算、项目经济评价，工程概算、预算、结算、竣工决算，工程招标限价、投标报价的编制和审核，对工程造价进行监控并提供有关工程造价信息资料等业务的咨询服务工作。工程造价咨询企业资质等级分为甲级、乙级。

我国工程造价咨询业是随着市场经济体制的建立逐步发展起来的。在计划经济时期，国家以指令性的方式进行工程造价管理，培养和造就了一大批工程造价人员。进入20世纪90年代中期以后，投资多元化以及《中华人民共和国招标投标法》的颁布实施，使工程造价更多的是通过招标投标竞争定价。在这种市场环境下，客观上便要求有专门从事工程造价管理咨询的机构提供专业化的咨询服务。为了规范工程造价管理中介组织的行为，建设部先后颁发了一系

列相关文件。近十年来，工程造价咨询单位发展迅速，截至2022年，全国已有造价咨询单位14069家。

3. 工程造价管理体制
我国的工程造价管理体制建立于中华人民共和国成立初期，当时实行与计划经济相适应的概预算定额制度，至今已经历了五个阶段的发展。随着我国经济水平的提高和经济结构的日益复杂，计划经济的内在弊端逐渐暴露出来，传统的与计划经济相适应的概预算定额管理，实际上是用来对工程造价实行行政指令的直接管理，遏制了竞争，抑制了生产者和经营者的积极性与创造性。市场经济虽然有其弱点和消极的方面，但更能适应不断变化的社会经济条件，从而发挥优化资源配置的基础作用。因而，在总结十多年改革开放经验的基础上，由"统一量，指导价，竞争费"，到实行工程量清单计价模式，逐步形成了"政府宏观调控，企业自主报价，市场形成价格，加强市场监管"的工程造价管理模式。

1）工程造价管理的含义
工程造价有两种含义，相应地，工程造价管理也有两种含义：一是建设工程投资费用管理；二是工程价格管理。工程造价计价依据的管理和工程造价专业队伍建设的管理则是为这两种管理服务的。

作为建设工程的投资费用管理属于工程建设投资管理范畴。工程建设投资费用管理是指为了实现投资的预期目标，在撰写的规划、设计方案的条件下，预测、计算、确定和监控工程造价及其变动的系统活动。

工程价格管理，属于价格管理范畴。在微观层次上，是生产企业在掌握市场价格信息的基础上，为实现管理目标而进行的成本控制、计价、定价和竞价的系统活动。在宏观层次上，是政府根据社会经济的要求，利用法律手段、经济手段和行政手段对价格进行管理和调控，以及通过市场管理规范市场主体价格行为的系统活动。

2）工程造价管理的意义和目的
我国是一个资源相对缺乏的发展中国家，为了保持适当的发展速度，需要投入更多的建设资金，但筹措资金很不容易也很有限。因此，如何有效地利用

投入建设工程中的人力、物力、财力，以尽量少的劳动和物质消耗，取得较高的经济和社会效益，保持我国国民经济持续、稳定、协调发展，就成了十分重要的问题。

工程造价管理的目的不仅在于要控制项目投资不超过批准的造价限额，更在于要坚持倡导艰苦奋斗、勤俭建国的方针，从国家的整体利益出发，合理使用人力、物力、财力，取得最大投资效益。

我国工程造价管理体制改革的最终目标是逐步建立以市场形成价格为主的价格机制。

3）工程造价管理的组织

工程造价管理组织是指保证实现工程造价管理目标的有机群体，可适当进行与造价管理组织功能相关的有效组织活动。具体来说，主要是指国家、地方、机构和企业之间的管理权限及职责范围的划分。

4）工程造价管理的内容

工程造价管理包括工程造价合理确定和有效控制两个方面。

工程造价的合理确定是在工程建设的各个阶段，采用科学计算方法和切实的计价依据，合理确定投资估算、设计概算、施工图预算、承包合同价、结算价及竣工决算等。

工程造价的合理确定是控制工程造价的前提和先决条件。没有工程造价的合理确定，也就无法进行工程造价控制。

工程造价的有效控制是指在投资决策阶段、设计阶段、建设项目发包阶段和建设工程实施阶段，把建设工程造价的发生控制在批准的造价限额之内，随时纠正发生的偏差，保证项目管理目标的实现，以求在各个建设项目中能合理使用人力、物力、财力，从而取得较好的投资效益和社会效益。

4．担保制度

担保是合同当事人双方为了使合同能够全面按约履行，根据法律、行政法规的规定，经双方协商一致

而采取的一种具有法律效力的保护措施。《民法典》规定的担保方式有五种，即保证、抵押、质押、留置和定金。

5．代理制度

代理是指代理人以被代理人（又称本人）的名义，在代理权限内与第三人（又称相对人）实施民事行为，其法律后果直接由被代理人承受的民事法律制度。一般分为委托代理、指定代理和法定代理三种。在建筑业活动中，主要发生的是委托代理。

行为人没有代理权或超越代理权限而进行的"代理"活动，称为无权代理。

二、相关法律法规

造价人员的工作关系到国家和社会公众的利益，根据建设工程造价人员的专业特点和能力要求，不但需要其具有较高的专业素质和身体素质，还要具有良好的职业道德。同时，必须辅以相关的法律法规，才能使我国的工程造价领域更好地服务于国民经济的发展。

我国的法律形式有宪法、法律、行政法规、地方性法规和行政规章等。宪法是我国的根本大法，是国家的总章程，在法律体系中具有最高的法律地位和法律效力，是最主要的法律渊源。

法律关系是指法律规范在调整人们的行为过程中所形成的特殊的权利和义务关系。任何法律关系均由主体、客体、内容三要素构成。当法律关系的主体不履行某一法律规定的义务时，根据不同类别的法律，可以分为不同类别的法律责任，一般为行政法律责任、民事法律责任、刑事法律责任和经济法律责任四种。

我国《民法典》规定，法人是具有民事权利能力和民事行为能力，依法独立享有民事权利和承担民事义务的组织。法人是相对于自然人而言的社会组织，作为一个社会组织，必须具备法定条件才能成为法人。法人成立的条件是：依法成立，有自己的名称、组织机构、住所、财产或者经费。法人以其全部财产独立承担民事责任。

建设工程合同的主体只能是法人。

1. 建筑法[①]

《建筑法》是指调整建筑活动的法律规范的总称。建筑活动是指各类房屋建筑及其附属设施的建造和与其配套的线路、管道、设备的安装活动。

《建筑法》（2019年修正）第一条规定，建筑法的立法目的："为了加强对建筑活动的监督管理，维护建筑市场秩序，保证建筑工程的质量和安全，促进建筑业健康发展，制定本法。"

1）建筑工程许可制度

对于新建、扩建、改建的建设工程，建设单位必须在开工前向工程所在地县级以上人民政府建设行政主管部门申请领取建设工程施工许可证。

2）建筑工程从业者资格

从事建筑活动的企业和单位，应当向工商行政管理部门申请设立登记，并由建设行政主管部门审查，颁发资格证书。从事建筑活动的专业技术人员，应当依法取得相应的执业资格证书，并在执业资格证书许可的范围内从事建筑活动。

建设工程从业的经济组织包括：建设工程总承包企业，建设工程勘察、设计单位，建设施工企业，建设工程监理单位，以及法律、法规规定的其他企业或单位。

以上组织应具备下列条件：

a. 有符合国家规定的注册资本；
b. 有与其从事的建筑活动相适应的具有法定执业资格的专业技术人员；
c. 有从事相关建筑活动所应有的技术装备；
d. 法律、行政法规规定的其他条件。

建筑工程的从业人员包括：建筑师，建造师，结构工程师，监理工程师，造价工程师，法律、法规规定的其他人员。

建设工程从业者资格证件，严禁出卖、转让、出借、涂改、伪造；违反上述规定的，将视具体情节，追究法律责任；建设工程从业者资格的具体管理办法，由国务院及建设行政主管部门另行规定。

3）建设工程发包与承包制度

《建筑法》规定："政府及其所属部门不得滥用行政权力，限定发包单位将招标发包的建筑工程发包给指定的承包单位。""提倡对建筑工程实行总承包，禁止将建筑工程肢解发包。"

承发包的模式主要分三个方面：一是工程如何发包，即采用直接委托还是招标，招标投标是目前实现建设工程承发包关系的主要途径；二是采取何种合同类型，即采用固定总价合同还是单价合同等；三是工程如何"分标"，即采用总承包还是分项承包等。以下对这三方面内容进行简单介绍。

（1）平行承发包　业主将工程项目的设计或施工任务经过分解分别发包给若干个设计或施工单位，分别与各方签订合同。若干个承包商承包同一工程的不同分项，各承包商与业主签订分项承包合同。各设计单位或施工单位之间的关系是平行的。

（2）设计或施工总分包　设计或施工总分包是业主将全部设计或施工的任务发包给一个设计单位或一个施工单位作为总包单位，总包单位可以将其任务的一部分再分包给其他分包单位，形成一个设计主合同或一个施工主合同以及若干个分包合同的结构模式。

（3）设计施工一揽子承包　这种模式发包的工程也称"交钥匙工程"、项目总承包。业主将工程设计、施工、材料和设备采购等一系列工作全部发包给一家公司，由其进行实质性设计、施工和采购工作，最后向业主交出一个达到使用条件的工程项目。适用于简单、明确的常规性工程和一些专业性较强的工业建筑工程。国际上实力雄厚的科研、设计、施工一体化公司更是从一条龙服务中直接获得项目。

（4）工程项目总承包管理　工程项目总承包管理指业主将项目设计和施工主要部分发包给专门从事设

---

① 《中华人民共和国建筑法》（简称《建筑法》）于1997年11月1日通过（第91号令），1998年3月1日正式施行，历经2011年、2019年两次修正。

计和施工组织管理的单位，再由他分包给若干个设计、施工和材料设备供应厂家，并对他们进行项目管理。

（5）设计和施工单位组成联合体总承包 设计和施工单位组成联合体总承包指业主与一个由若干个设计单位或由若干个施工单位组成的联合体进行签约，将工程项目设计、施工任务分别发包给设计、施工联合体。联合体资质以其成员中资质最低者为准。一般联合体对外要有一位明确的代表，业主与这个代表签订承包合同，这个代表即联合体内部的负责人，负责承包合同的履行。

业主选择联合体时应综合考虑联合体内各成员的技术、管理、经验、财务及信誉等，同时应加强联合体内部的相互协调。

4）建筑工程监理制度

《建筑法》第三十条规定："国家推行建筑工程监理制度。"所谓建筑工程监理，是指具有相应资质条件的工程监理单位受建设单位委托，依照法律、行政法规及有关的技术标准、设计文件和建筑工程承包合同，对承包单位在施工质量、建设工期和建设资金使用等方面，代表建设单位实施的监督管理活动。

实行监理的建筑工程，建设单位与其委托的工程监理单位应当订立书面委托监理合同。

工程监理单位应当根据建设单位的委托，客观、公正地执行监理任务。各地区对必须实行监理的工程在限额上略有不同，江苏省辖区内的下列工程必须实行监理，其他建设工程项目鼓励实施监理：

a. 大、中型工程和重点建设工程项目；
b. 重要的市政、公用工程项目；
c. 高层建筑、三幢以上（含三幢）成片住宅或单体2000平方米以上的住宅工程项目；
d. 国有、集体资产参与投资的且项目总投资在500万元以上的建设工程项目和200万元以上的装饰装修工程项目；
e. 外资、中外合资、国外贷款、赠款、捐款建设的工程项目。

5）建设工程质量与安全生产制度

2000年1月30日国务院发布的《建设工程质量管理条例》（第279号令）明确规定了建设工程各参与方的质量责任和义务。包括建设单位的质量责任和义务，勘察、设计单位的质量责任和义务，施工单位的质量责任和义务，工程监理单位的质量责任和义务等，还明确规定了对于损害赔偿的期限、责任范围和法律后果等。

6）建筑安全生产管理制度

建筑安全生产管理，指建设行政主管部门、建筑安全监督管理机构、建筑施工企业及有关单位对建筑生产过程中的安全工作进行计划、组织、指挥、控制、监督等一系列的管理活动。其目的在于保证建筑工程安全和建设职工以及相关人员的人身安全。

《建筑法》第三十六条明确规定："建筑工程安全生产管理必须坚持安全第一、预防为主的方针，建立健全安全生产的责任制度和群防群治制度。"

2. 合同相关法律

《民法典》第三编"合同编"中的合同是指民事主体之间设立、变更、终止民事法律关系的协议。

当事人订立合同，应当具有相应的民事权利能力和民事行为能力。当事人依法可以委托代理人订立合同。合同的形式有书面形式、口头形式和其他形式。合同的内容由当事人约定，一般包括下列条款：当事人的姓名或者名称和住所，标的，数量，质量，价款或者报酬，履行期限、地点和方式，违约责任，解决争议的方法。

当事人订立合同，采取要约、承诺方式或者其他方式。采用合同书形式订立合同的，自当事人均签名、盖章或者按指印时合同成立。承诺生效的地点为合同成立的地点。依法成立的合同，自成立时生效，或者根据合同的附条件和附期限确定合同生效和失效。若合同内容和形式违反了法律、行政法规的强制性规定，或者损害了国家利益、集体利益、第三人利益和社会公共利益，不受法律承认和保护，这种不具有法律效力的合同为无效合同。

合同生效后，当事人就质量、价款或者报酬、履行地点等内容没有约定或者约定不明确的，可以协议补充；不能达成补充协议的，按照合同相关条款或者交易习惯确定。合同履行的原则主要包括全面适当履行原则和诚实信用原则。

合同当事人之间对合同履行状况和合同违约责任承担等问题所产生的意见分歧称为合同争议。合同争议的解决方式有和解、调解、仲裁或者诉讼。

3. 招标投标法

在我国，自2000年1月1日起施行《中华人民共和国招标投标法》（2017年修正），规定在中华人民共和国境内，进行下列工程建设项目（包括项目的勘察、设计、施工、监理以及与工程建设有关的重要设备、材料等的采购），必须进行招标：

a. 大型基础设施、公用事业等关系社会公共利益、公众安全的项目；
b. 全部或者部分使用国有资金投资或者国家融资的项目；
c. 使用国际组织或者外国政府贷款、援助资金的项目。

各地区根据情况可以制定更为详细的标准，如江苏省规定，依法必须招标的建设工程项目规模标准为：

a. 勘察、设计、监理等服务的采购，单项合同估算价在30万元人民币以上的；
b. 施工单项合同估算价在100万元人民币以上或者建筑面积在2000平方米以上的；
c. 重要设备和材料等货物的采购，单项合同估算价在50万元人民币以上的；
d. 总投资在2000万元人民币以上的。

招标分公开招标和邀请招标两种方式。招标人应当根据招标项目的特点和需要编制招标文件。招标文件应当包括招标项目的技术要求、对招标人资格审查的标准、投标报价要求和评标标准等所有实质性要求和条件，以及拟签订合同的主要条款。

投标人应当具备承担招标项目的能力，且应根据招标文件的要求编制和提交投标文件。

开标应当在招标人的主持下，在招标文件确定的提交投标文件截止时间的同一时间和招标文件中预先确定的地点公开进行。经评标委员会评标确定中标人。

4. 价格法

《中华人民共和国价格法》[①]中的价格，包括商品价格和服务价格。大多数商品和服务价格实行市场调节，只有极少数商品和服务价格实行政府指导价和政府定价。我国各行政区域内的价格管理机构是县级以上各级人民政府价格主管部门和其他有关部门。

1）经营者的价格行为
（1）经营者享有如下权利：
a. 自主制定属于市场调节的价格；
b. 在政府指导价规定的幅度内制定价格；
c. 制定属于政府指导价、政府定价产品范围内的新产品的试销价格，特定产品除外；
d. 检举、控告侵犯其依法自主定价权利的行为。

（2）经营者违规行为　经营者不得有下列不正当行为：
a. 相互串通，操纵市场价格，侵害其他经营者或消费者的合法权益；
b. 在依法降价处理鲜活、季节性、积压商品等商品外，为了排挤对手或者独占市场，以低于成本的价格倾销，扰乱正常的生产经营秩序，损害国家利益或者其他经营者的合法权益；
c. 捏造、散布涨价信息，哄抬价格，推动商品价格过高上涨的；
d. 利用虚假的或使人误解的价格手段，诱骗消费者或者其他经营者与其进行交易；
e. 提供相同商品或者服务，对具有同等交易条件的其他经营者实行价格歧视等。

2）政府的定价行为
（1）政府定价的商品　下列商品和服务的价格，政府在必要时可以实行政府指导价或者政府定价：
a. 与国民经济发展和人民生活关系重大的极少数商品价格；b. 资源稀缺的少数商品价格；c. 自然垄断经营的商品价格；d. 重要的公用事业价格；e. 重要的公益性服务价格。

① 《中华人民共和国价格法》（第92号令）于1997年12月29日正式通过，1998年5月1日正式施行，简称《价格法》。

（2）定价目录　政府指导价、政府定价的定价权限和具体适用范围，以中央或地方的定价目录为依据。中央定价目录由国务院价格主管部门制定、修订，报国务院批准后公布。地方定价目录由省、自治区、直辖市人民政府价格主管部门按照中央定价目录规定的定价权限和具体适用范围制定，经本级人民政府审核同意，报国务院价格主管部门审定后公布。省、自治区、直辖市人民政府以下各级人民政府不得制定定价目录。

（3）定价依据　政府应当依据有关商品或者服务的社会平均成本和市场供求状况、国民经济与社会发展要求以及社会承受能力，实行合理的购销差价、批零差价、地区差价和季节差价。制定关系群众切身利益的公用事业价格、公益性服务价格、自然垄断经营的商品价格等政府指导价、政府定价，应当建立听证会制度，由政府价格主管部门主持，征求消费者、经营者和有关方面的意见，论证其必要性、可行性。

5. 土地管理法[1]

1）土地所有权

我国实行土地的社会主义公有制，即全民所有制和劳动群众集体所有制。城市市区的土地属于国家所有。宅基地和自留地、自留山，以及除由法律规定属于国家所有的以外，农村和城市郊区的土地，属于农民集体所有。国家为了公共利益的需要，可以依法对土地实行征收或者征用并给予补偿。

2）土地使用权

国有土地和农民集体所有的土地，可以依法确定给单位和个人使用。单位和个人依法使用的国有土地，由土地使用者向所在地县级以上人民政府登记造册，核发国有土地使用权证书，确认使用权。其中，中央国家机关使用的国有土地的登记发证，由国务院土地行政主管部门负责。用于非农业建设的农民集体所有的土地，由县级人民政府登记造册，核发集体土地使用权证书，确定建设用地使用权。依法改

变土地权属和用途的，应当办理土地变更登记手续。

3）建设用地

除集体兴办乡镇企业、村民建设住宅和乡镇村公共设施、公益事业建设外，任何单位和个人进行建设，需要使用土地的，必须依法申请使用国有土地。

涉及农用地转为建设用地，应当办理农用地转用审批手续。征收下列土地的，由国务院批准：①永久基本农田；②永久基本农田以外的耕地超过35公顷的；③其他土地超过70公顷的。征收上述规定以外土地的，由省、自治区、直辖市人民政府批准，并报国务院备案。国家征收土地，依照法定程序批准后，由县级以上地方人民政府予以公告并组织实施。

经批准的建设项目需要使用国有建设用地，建设单位应当持法律、行政法规规定的有关文件，向有批准权的县级以上人民政府自然资源主管部门提出建设用地申请，经自然资源主管部门审查，报本级人民政府批准。

6. 标准化法[2]

标准分国家标准、行业标准、地方标准和团体标准、企业标准。其中，国家标准由国务院标准化行政主管部门制定，行业标准由国务院有关主管部门制定，地方标准由省、自治区、直辖市人民政府标准化行政主管部门制定，企业标准由企业自己制定。国家鼓励结合国情采用国际标准。

国家标准、行业标准又可分为强制性标准和推荐性标准。保障人体健康、人身财产安全的标准和法律、法规规定强制执行的标准，为强制性标准。其他标准是推荐性标准。强制性标准必须执行，推荐性标准，国家鼓励企业自愿采用。

7. 保险法[3]

保险是指投保人根据合同约定，向保险人支付保险

---

[1]　本节内容参考《中华人民共和国土地管理法》（简称《土地管理法》），于1986年6月25日通过，1987年1月1日正式施行，历经1988年、1998年（修订）、2004年、2019年三次修正一次修订。

[2]　本节内容参考《中华人民共和国标准化法》（简称《标准化法》），于1988年12月29日通过，2017年修订。

[3]　本节内容参考《中华人民共和国保险法》（简称《保险法》）于1995年6月30日通过，历经2002年、2009年（修订）、2014年、2015年三次修正一次修订。

费，保险人对于合同约定的可能发生的事故因其发生所造成的财产损失承担赔偿保险金责任，或者当被保险人死亡、伤残、疾病或达到合同约定的年龄、期限等条件时，承担给付保险金责任的商业保险行为。

保险合同是指投保人与保险人（即保险公司）约定保险权利义务关系的协议。投保人指与保险人订立保险合同，并支付保险费的人。被保险人指其财产和人身受保险合同保障，享有保险金请求权的人，投保人可以为被保险人。受益人是指人身保险合同中由被保险人或者投保人指定的享有保险金请求权的人。投保人、被保险人可以为受益人。

保险是一种受法律保护的分散危险、消化损失的经济制度。危险可分为财产危险、人身危险和法律责任危险三种。

工程保险包括建筑工程一切险、安装工程一切险和机器保险等种类。

8. 税法

我国制定了一系列有关税收方面的法律法规，如《中华人民共和国税收征收管理法》《中华人民共和国企业所得税法》《中华人民共和国个人所得税法》等。

从事生产、经营的企业、个体工商户和事业单位要在领取营业执照之日起30日内，持有关证件，向税务机关申报办理税务登记；取得税务登记证件后，在银行或其他金融机构开立基本存款账户和其他存款账户，并将其全部账号向税务机关报告；纳税人要按照有关法规设置和保管账簿，根据合法、有效的凭证记账，进行核算。

税率是指纳税人的应纳税额与征税对象数额之间的比例，是法定的计算应纳税额的尺度。我国现行税率有三种，即比例税率、累进税率和定额税率。

根据征税对象区分，税收可分为流转税、所得税、财产税、行为税、资源税五类。流转税主要包括：增值税、消费税、营业税、关税等。

课后练习

一、单选题

1. 工程类大专毕业生，需要从事工程造价满（　　），可以报名参加造价工程师考试。
   A. 3年　　　　　　　B. 4年
   C. 5年　　　　　　　D. 6年

2. 下列可能是建设工程合同主体是（　　）。
   A. 装饰公司经理　　　B. 三人组装饰公司
   C. 建设局副局长　　　D. 建筑公司监理

3. 造价员可以受聘于（　　）工作单位。
   A. 1个　　　　　　　B. 2个
   C. 3个　　　　　　　D. 4个

4. 新建、扩建、改建的建设工程开工前，必须申请领取建设工程（　　）。
   A. 安全生产证　　　　B. 环保合格证
   C. 经营许可证　　　　D. 施工许可证

5. 在建筑活动中，主要发生的代理行为是（　　）。
   A. 法定代理　　　　　B. 委托代理
   C. 法人代理　　　　　D. 指定代理

6. 根据《招标投标法》规定，下列项目不必进行招标的是（　　）。
   A. 某小区游乐场　　　B. 某领导自建别墅
   C. 某高校宿舍楼　　　D. 某省会城市博物馆

7. 在我国，《招标投标法》自（　　）起实施。
   A. 2000年1月1日　　B. 2000年12月1日
   C. 2002年1月1日　　D. 2002年12月1日

8. 《建筑法》明确规定："建筑工程安全生产管理必须坚持安全生产方针，建立健全安全生产的责任制度和群防群治制度。"此安全生产方针不包括（　　）。
   A. 以人为本　　　　　B. 安全第一
   C. 综合治理　　　　　D. 预防为主

9. 造价工程师执业资格考试实行全国统一大纲、统一命题、统一组织的办法，原则上（　　）举行一次。
   A. 每半年　　　　　　B. 每1年
   C. 每2年　　　　　　D. 每3年

10. 下列论述不正确的是（　　）。
    A. 高中毕业从事工程造价工作满一年，可以报考初级造价员考试
    B. 任何法律关系均由主体、客体、内容三要素构成
    C. 建设工程合同的主体不一定是法人
    D. 项目总承包也称"交钥匙工程"

二、多选题

1. 担保方式一般有（　　）。
   A. 违约金　　　　　　B. 留置
   C. 保证　　　　　　　D. 抵押
   E. 定金

2. 工程保险一般包括以下哪些种类（　　）。
   A. 人身保险　　　　　B. 安装工程一切险
   C. 机器保险　　　　　D. 建筑工程一切险
   E. 养老保险

3. 法人必须具备的条件是（　　）。
   A. 有自己的名称、组织机构和场所
   B. 能够独立承担民事责任
   C. 依法成立
   D. 有必要的财产和经费
   E. 有必要的专业人才

4. 造价工程师执业资格考试一共考四个科目，分别是（　　）。
   A. 《建设工程法规》
   B. 《建设工程技术与计量》
   C. 《工程造价计价与控制》
   D. 《工程造价案例分析》
   E. 《工程造价管理基础理论与相关法规》

5. 合同的内容由当事人约定，一般包括：当事人的名称或姓名和住所，价款或报酬，履行的期限、地点和方式，违约责任及（　　）。
   A. 工程数量　　　　　B. 评标规则
   C. 工程质量　　　　　D. 解决争议的方法
   E. 履行人员的情况

6. 根据国家标准化法，标准分为（　　）。
   A. 行业标准　　　　　B. 企业标准
   C. 地方标准　　　　　D. 国家标准
   E. 强制性标准

7. 注册造价工程师不得有下列行为：（　　）。
   A. 允许他人以自己的名义从事工程造价业务
   B. 同时在3个以上单位执业
   C. 以个人名义承接工程造价业务
   D. 在执业过程中实施商业贿赂
   E. 履行注册造价工程师义务

8. 代理一般分为（　　）三种。
   A. 法定代理　　　　　B. 委托代理
   C. 法人代理　　　　　D. 指定代理
   E. 组织代理

9. 当事人订立合同，需要经过（　　）阶段。

A. 公证　　　　　　　　B. 公示

C. 承诺　　　　　　　　D. 邀约

E. 考察

10.《建筑法》规定承发包的模式分为（　　　）。

A. 设计或施工总转包　　B. 工程项目总承包

C. 联合体总承包　　　　D. 平行承发包

E. 设计或施工总分包

11. 合同当事人之间对合同履行状况和合同违约责任承担等问题所产生的意见分歧称为合同争议。合同争议的解决方式有（　　　）。

A. 和解　　　　　　　　B. 诉讼

C. 调解　　　　　　　　D. 上诉

E. 仲裁

12. 保险制度中，危险分为（　　　）。

A. 企业危险　　　　　　B. 生产危险

C. 法律责任危险　　　　D. 人身危险

E. 财产危险

13. 建设工程从业者执业资格证件，如建造师、建筑师、造价工程师，严禁（　　　）。

A. 挂靠　　　　　　　　B. 转让

C. 出借　　　　　　　　D. 重考

E. 出卖

14. 合同履行的原则主要包括（　　　）和（　　　）原则。

A. 全面适当履行原则　　B. 双方共赢

C. 诚实信用　　　　　　D. 按习惯交易

E. 不损害第三方利益

15. 下列装饰装修工程项目，必须实行监理的项目有（　　　）。

A. 某企业出资600万元新建厂房

B. 某大学出资220万元进行实训楼扩建

C. 某房地产公司施工单体1600m²的住宅工程项目

D. 某小区三幢住宅楼精装

E. 红十字会出资30万元改建老年活动中心

三、讨论题

1. 查阅承发包方相关司法案例，讨论相关法律法规在事件中的执行情况。

2. 查阅因违法乱纪造成工程招投标事故的相关案例，列举其无视的法律条款；讨论该案例违法犯纪行为对造价员岗位的教训，并且思考作为一名合格的造价员应具备怎样的思想觉悟和职业道德。

第三章　建筑工程费用及招投标

根据建标〔2013〕44号有关规定，建筑工程费用划分有两种方式。

一、按照费用构成要素划分

按照费用构成要素划分，建筑工程费用由人工费、材料费、施工机具使用费、企业管理费、利润、规费和税金组成，如表3-1所示。

1. 人工费

人工费是指按工资总额构成规定，支付给从事建筑安装工程施工的生产工人和附属生产单位工人的各项费用。内容包括：

（1）计时工资或计件工资：是指按计时工资标准和工作时间或对已做工作按计件单价支付给个人的劳动报酬。

（2）加班加点工资：是指按规定支付的在法定节假日工作的加班工资和在法定日工作时间外延时工作的加点工资。

（3）特殊情况下支付的工资：是指根据国家法律、法规和政策规定，因病、工伤、产假、计划生育假、婚丧假、事假、探亲假、定期休假、停工学习、执行国家或社会义务等原因，按计时工资标准或计时

表3-1　　　　　　　　　　　建筑安装工程费用项目组成表（一）

序号	费用项目	主要内容	具体内容
1	人工费	工资	计时工资或计件工资，加班加点工资，特殊情况下支付的工资
		奖金	
		津贴、补贴	
2	材料费	材料原价	
		其他费用	运杂费、运输损耗费、采购及保管费
3	施工机具使用费	施工机械使用费	包括折旧费、大修理费、经常修理费、安拆费及场外运费、人工费、燃料动力费、税费
		仪器仪表使用费	
4	企业管理费	管理人员工资、办公费、差旅交通费、固定资产使用费、工具用具使用费、劳动保险和职工福利费、劳动保护费、检验试验费、工会经费、职工教育经费、财产保险费、财务费、税金、其他	
5	利润		
6	规费	社会保障费	养老保险费、失业保险费、医疗保险费、生育保险费、工伤保险费
		住房公积金	
		工程排污费	
7	税金	营业税、城市维护建设税、教育费附加以及地方教育附加	

工资标准的一定比例支付的工资。

（4）奖金：是指对超额劳动和增收节支支付给个人的劳动报酬。如节约奖、劳动竞赛奖等。

（5）津贴、补贴：是指为了补偿职工特殊或额外的劳动消耗和因其他特殊原因支付给个人的津贴，以及为了保证职工工资水平不受物价影响支付给个人的物价补贴。如流动施工津贴、特殊地区施工津贴、高温（寒）作业临时津贴、高空津贴等。

2. 材料费

材料费是指施工过程中耗费的原材料、辅助材料、构配件、零件、半成品或成品、工程设备的费用。内容包括：

（1）材料原价：是指材料、工程设备的出厂价格或商家供应价格。

（2）运杂费：是指材料、工程设备自来源地运至工地仓库或指定堆放地点所发生的全部费用。

（3）运输损耗费：是指材料在运输装卸过程中不可避免的损耗。

（4）采购及保管费：是指为组织采购、供应和保管材料、工程设备的过程中所需要的各项费用。包括采购费、仓储费、工地保管、仓储损耗。

工程设备是指构成或计划构成永久工程一部分的机电设备、金属结构设备、仪器装置及其他类似的设备和装置。

3. 施工机具使用费

施工机具使用费是指施工作业所发生的施工机械、仪器仪表使用费或其租赁费。

（1）施工机械使用费：以施工机械台班耗用量乘以施工机械台班单价表示，施工机械台班单价由下列七项费用组成。

a. 折旧费：指施工机械在规定的使用年限内，陆续收回其原值的费用。

b. 大修理费：指施工机械按规定的大修理间隔台班进行必要的大修理，以恢复其正常功能所需的费用。

c. 经常修理费：指施工机械除大修理以外的各级保养和临时故障排除所需的费用。包括为保障机械正常运转所需替换设备与随机配备工具、附具的摊销和维护费用，机械运转中日常保养所需润滑与擦拭的材料费用及机械停滞期间的维护和保养费用等。

d. 安拆费及场外运费：安拆费指施工机械（大型机械除外）在现场进行安装与拆卸所需的人工、材料、机械和试运转费用，以及机械辅助设施的折旧、搭设、拆除等费用；场外运费指施工机械整体或分体自停放地点运至施工现场或由一施工地点运至另一施工地点的运输、装卸、辅助材料及架线等费用。

e. 人工费：指机上司机（司炉）和其他操作人员的人工费。

f. 燃料动力费：指施工机械在运转作业中所消耗的各种燃料及水、电等。

g. 税费：指施工机械按照国家规定应缴纳的车船使用税、保险费及年检费等。

（2）仪器仪表使用费：是指工程施工所需使用的仪器仪表的摊销及维修费用。

4. 企业管理费

企业管理费是指建筑安装企业组织施工生产和经营管理所需的费用。内容包括：

（1）管理人员工资：是指按规定支付给管理人员的计时工资、奖金、津贴补贴、加班加点工资及特殊情况下支付的工资等。

（2）办公费：是指企业管理办公用的文具、纸张、账表、印刷、邮电、书报、办公软件、现场监控、会议、水电、烧水和集体取暖降温（包括现场临时宿舍取暖降温）等费用。

（3）差旅交通费：是指职工因公出差、调动工作的差旅费、住勤补助费，市内交通费和误餐补助费，职工探亲路费，劳动力招募费，职工退休、退职一次性路费，工伤人员就医路费，工地转移费以及管理部门使用的交通工具的油料、燃料等费用。

（4）固定资产使用费：是指管理和试验部门及附属

生产单位使用的属于固定资产的房屋、设备、仪器等的折旧、大修、维修或租赁费。

（5）工具用具使用费：是指企业施工生产和管理使用的不属于固定资产的工具、器具、家具、交通工具和检验、试验、测绘、消防用具等的购置、维修和摊销费。

（6）劳动保险和职工福利费：是指由企业支付的职工退职金、按规定支付给离休干部的经费，集体福利费、夏季防暑降温、冬季取暖补贴、上下班交通补贴等。

（7）劳动保护费：是企业按规定发放的劳动保护用品的支出。如工作服、手套、防暑降温饮料以及在有碍身体健康的环境中施工的保健费用等。

（8）检验试验费：是指施工企业按照有关标准规定，对建筑以及材料、构件和建筑安装物进行一般鉴定、检查所发生的费用，包括自设试验室进行试验所耗用的材料等费用。不包括新结构、新材料的试验费，对构件做破坏性试验及其他特殊要求检验试验的费用和建设单位委托检测机构进行检测的费用，对此类检测发生的费用，由建设单位在工程建设其他费用中列支。但对施工企业提供的具有合格证明的材料进行检测不合格的，该检测费用由施工企业支付。

（9）工会经费：是指企业按《工会法》规定的全部职工工资总额比例计提的工会经费。

（10）职工教育经费：是指按职工工资总额的规定比例计提，企业为职工进行专业技术和职业技能培训，专业技术人员继续教育、职工职业技能鉴定、职业资格认定以及根据需要对职工进行各类文化教育所发生的费用。

（11）财产保险费：是指施工管理用财产、车辆等的保险费用。

（12）财务费：是指企业为施工生产等集资金或提供预付款担保、履约担保、职工工资支付担保等所发生的各种费用。

（13）税金：是指企业按规定缴纳的房产税、车船使用税、土地使用税、印花税等。

（14）其他：包括技术转让费、技术开发费、投标费、业务招待费、绿化费、广告费、公证费、法律顾问费、审计费、咨询费、保险费等。

5. 利润
利润是指施工企业完成所承包工程获得的盈利。

6. 规费
规费是指按国家法律、法规规定，由省级政府和省级有关权力部门规定必须缴纳或计取的费用。包括：

（1）社会保障费：
a. 养老保险费：是指企业按照规定标准为职工缴纳的基本养老保险费。
b. 失业保险费：是指企业按照规定标准为职工缴纳的失业保险费。
c. 医疗保险费：是指企业按照规定标准为职工缴纳的基本医疗保险费。
d. 生育保险费：是指企业按照规定标准为职工缴纳的生育保险费。
e. 工伤保险费：是指企业按照规定标准为职工缴纳的工伤保险费。

（2）住房公积金：是指企业按规定标准为职工缴纳的住房公积金。

（3）工程排污费：是指按规定缴纳的施工现场工程排污费。

其他应列而未列入的规费，按实际发生计取。

7. 税金
税金是指国家税法规定的应计入建筑安装工程造价内的营业税、城市维护建设税、教育费附加以及地方教育附加。

二、按照工程造价形成划分
按照工程造价形成划分，建筑安装工程费用由分部分项工程费、措施项目费、其他项目费、规费、税金组成，如表3-2所示。

表3-2 建筑安装工程费用项目组成表（二）

序号	费用项目	主要内容	具体内容
1	分部分项工程费		
2	措施项目费	安全文明施工费	
		夜间施工增加费	
		二次搬运费	
		冬雨季施工增加费	
		已完工程及设备保护费	
		工程定位复测费	
		特殊地区施工增加费	
		大型机械设备进出场及安拆费	
		脚手架工程费	
3	其他项目费	暂列金额	
		计日工	
		总承包服务费	
4	规费	社会保障费	养老保险费、失业保险费、医疗保险费、生育保险费、工伤保险费
		住房公积金	
		工程排污费	
5	税金	营业税、城市维护建设税、教育费附加以及地方教育附加	
	工程造价	1+2+3+4+5	

1. 分部分项工程费

分部分项工程费是指各专业工程的分部分项工程应予列支的各项费用。

（1）专业工程：是指按现行国家计量规范划分的房屋建筑与装饰工程、仿古建筑工程、通用安装工程、市政工程、园林绿化工程、矿山工程、构筑物工程、城市轨道交通工程、爆破工程等各类工程。

（2）分部分项工程：指按现行国家计量规范对各专业工程划分的项目。如房屋建筑与装饰工程中划分的土石方工程、地基处理与桩基工程、砌筑工程、钢筋及钢筋混凝土工程等。

各类专业工程的分部分项工程划分见现行国家或行业计量规范。

分部分项工程费=∑（分部分项工程量×综合单价）

注：式中的综合单价包括人工费、材料费、施工机具使用费、企业管理费和利润以及一定范围的风险费用。

2. 措施项目费

措施项目费是指为完成建设工程施工，发生于该工程施工前和施工过程中的技术、生活、安全、环境保护等方面的费用。内容包括：

（1）安全文明施工费

a. 环境保护费：是指施工现场为达到环保部门要求所需要的各项费用。

b. 文明施工费：是指施工现场文明施工所需要的各项费用。

c. 安全施工费：是指施工现场安全施工所需要的各项费用。

d. 临时设施费：是指施工企业为进行建设工程施工所必须搭设的生活和生产用的临时建筑物、构筑物和其他临时设施费用。包括临时设施的搭设、维修、拆除、清理费或摊销费等。

（2）夜间施工增加费：是指因夜间施工所发生的夜班补助费、夜间施工降效、夜间施工照明设备摊销及照明用电等费用。

（3）二次搬运费：是指因施工场地条件限制而发生的材料、构配件、半成品等一次运输不能到达堆放地点，必须进行二次或多次搬运所发生的费用。

（4）冬雨季施工增加费：是指在冬季或雨季施工需增加的临时设施、防滑、排除雨雪，人工及施工机械效率降低等费用。

（5）已完工程及设备保护费：是指竣工验收前，对已完工程及设备采取的必要保护措施所发生的费用。

（6）工程定位复测费：是指工程施工过程中进行全部施工测量放线和复测工作的费用。

（7）特殊地区施工增加费：是指工程在沙漠或其边缘地区、高海拔、高寒、原始森林等特殊地区施工增加的费用。

（8）大型机械设备进出场及安拆费：是指机械整体或分体自停放场地运至施工现场或由一个施工地点运至另一个施工地点，所发生的机械进出场运输及转移费用，以及机械在施工现场进行安装、拆卸所需的人工费、材料费、机械费、试运转费和安装所需的辅助设施的费用。

（9）脚手架工程费：是指施工需要的各种脚手架搭、拆、运输费用以及脚手架购置费的摊销（或租赁）费用。

措施项目及其包含的内容详见各类专业工程的现行国家或行业计量规范。

措施项目费=∑（措施项目工程量×综合单价）

或者：措施项目费=计算基数×对应费率（%）

3. 其他项目费

其他项目费一般包括暂列金额、计日工和总承包服务费。

（1）暂列金额：是指建设单位在工程量清单中暂定并包括在工程合同价款中的一笔款项。用于施工合同签订时尚未确定或者不可预见的所需材料、工程设备、服务的采购，施工中可能发生的工程变更、合同约定调整因素出现时的工程价款调整以及发生的索赔、现场签证确认等的费用。

暂列金额通常由建设单位根据工程特点，按有关计价规定估算，施工过程中由建设单位掌握使用、扣除，合同价款调整后如有余额，归建设单位。

（2）计日工：是指在施工过程中，施工企业完成建设单位提出的施工图纸以外的零星项目或工作所需的费用。通常由建设单位和施工企业按施工过程中的签证计价。

（3）总承包服务费：是指总承包人为配合、协调建设单位进行的专业工程发包，对建设单位自行采购的材料、工程设备等进行保管以及施工现场管理、竣工资料汇总整理等服务所需的费用。通常由建设单位在招标控制价中，根据总包服务范围和有关计价规定编制，施工企业投标时自主报价，施工过程中按签约合同价执行。

规费和税金与第一部分按照费用构成要素划分的定义一致。建设单位和施工企业均应按照省、自治区、直辖市或行业建设主管部门发布的标准计算规费和税金，不得作为竞争性费用，即在招投标计价时不能以任何名义、任何形式减免。

施工企业在使用计价定额时除不可竞争费用外，其余仅作参考，由施工企业投标时自主报价。

三、建筑工程招标与投标

招投标制度历史悠久，在国际市场上已经实行了200多年。我国建筑业的承包制也经历了漫长的成长过程。目前，中国的招标投标制度已经和国际接轨。

招标投标是一种特殊的市场交易方式，是由采购人事先提出货物工程或服务采购的条件和要求，邀请众多投标人参加投标并按照规定程序从中选择交易对象的一种市场交易行为。也就是说，它是由招标人或招标人委托的招标代理机构通过媒体公开发布招标公告或投标邀请函，发布招标采购的信息与要求，邀请潜在的投标人参加平等竞争，然后按照规定的程序和方法，通过对投标竞争者的报价、质量、工期（或交货期）和技术水平等因素进行科学比较和综合分析，从中择优选定中标者，并与其签订合同，以实现节约投资、保证质量和优化配置资源的一种特殊交易方式。

1. 工程招标

所谓工程招标，是指招标人就拟建工程发布公告，以法定方式吸引承包单位自愿参加竞争，从中择优选定承包方的法律行为。通常的做法是，招标人（或业主）将自己的意图、目的、投资限额和各项技术经济要求，以各种公开方式，邀请有合法资格的承包单位，利用投标竞争，达到"货比三家""优中选优"的目的。实质上，招标就是通过建筑产品卖方市场由买主（业主）择优选取承包单位（企业）的一种商品购买行为。

1）工程招标的程序

按照招标人和投标人的参与程度，可将招标过程粗略划分成招标准备阶段和决标成交阶段。工程招投标基本流程如图3-1所示。

在中国，依法必须进行施工招标的工程，一般应遵循下列程序：

①招标单位自行办理招标事宜的，应建立专门的招标工作机构。该机构具有编制招标文件、组织招标会议和组织评标的能力，有与工程规模、复杂程度相适应并具有同类工程招标经验、熟悉有关工程招标法律的工程技术、概预算及工程管理的专业人员。若不具备这些条件，应当委托具有相当资格的工程招标代理机构代理招标。

②招标单位在发布招标公告或发出投标邀请书的5日前，向工程所在地县级市以上地方人民政府建设行政主管部门备案，并报送下列材料：

a. 按照国家有关规定办理审批手续的各项批准文件；

b. 前条所写包括专业技术人员的名单、职称证书或者执业资格证书及其工作经历等证明材料；

c. 法律、法规、规章规定的其他材料。

③准备招标文件和标底，报建设行政主管部门审查或备案。

④发布招标公告或发出投标邀请书。

⑤投标单位申请投标。

⑥招标单位审查申请投标单位的资格，并将审查结果通知申请投标单位。

⑦向合格的投标单位分发招标文件。

⑧组织投标单位踏勘现场，召开答疑会，解答投标单位就招标文件提出的问题。

⑨组建评标组织，制定评标、定标方法。

⑩召开开标会，当场开标。

⑪组织评标，决定中标单位。

⑫发出中标和未中标通知书，收回发给未中标单位的图纸和技术资料，退还投标保证金或保函。

⑬招标单位与中标单位签订施工承包合同。

2）工程招标的主要方式

（1）公开招标：是指招标人以招标公告的方式邀请非特定的法人或其他组织投标的招标方式。招标人

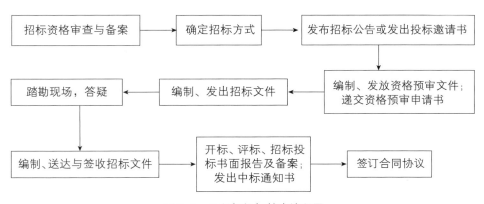

图3-1　工程招投标基本流程图

通过公开媒体发布招标公告，使所有的符合条件的潜在投标人均可以参加投标竞争，招标人再从中择优确定中标人。

公开招标的特点：一是投标人在数量上没有限制，具有广泛的竞争性；二是采用招标公告的方式，向社会公众明示其招标要求，从而保证招标的公开性。

（2）邀请招标：是指招标人以投标邀请书的方式邀请特定的法人或者其他组织投标的招标方式。招标人预先确定一定数量的符合招标项目基本要求的潜在投标人并向其发出投标邀请书，被邀请的潜在投标人参加竞争，招标人再从中择优确定中标人。

邀请招标的特点：一是招标人邀请参加投标的法人或者其他组织在数量上是确定的。根据《中华人民共和国招标投标法》第十七条规定，"招标人采用邀请招标方式的，应当向三个以上具备承担招标项目的能力、资信良好的特定法人或者其他组织发出投标邀请书"；二是只有接受投标邀请的法人或者其他组织才可以参加投标竞争，非特定的法人或者组织无权参加投标。

（3）议标：又称"谈判招标"，是指招标人直接选定某个工程承包人，通过与其谈判，商定工程价款，签订工程承包合同。由于工程承包人的身份在谈判之前一般就已确定，不存在投标竞争对手，没有竞争，故称之为"非竞争性招标"。

市场经济下，建设工程招投标的本质特点是"竞争"，而议标方式并不体现"竞争"这一招标投标的本质特点，因此，这种方式并非严格意义上的招标方式，其实只是一种谈判合同，是一般意义上的建设工程发包方式。因此，我国现行法规并没有将议标作为招标的方式之一。

2. 工程投标

所谓投标，是指响应招标、参与投标竞争的法人或者其他组织，按照招标公告或邀请函的要求制作并递送标书，履行相关手续，争取中标的过程；是指投标人（或企业）利用报价的经济手段销售自己商品的交易行为。在工程建设项目的投标中，凡有资格和能力并愿按招标的意图、愿望和要求条件承担任务的施工企业（承包单位），在对市场进行广泛调查，掌握各种信息后，可以结合企业自身能力，把握好价格、工期、质量等关键因素，在指定的期限内填写标书、提出报价，向招标者致函，请求承包该项工程。投标人在中标后，也可按规定条件对部分工程进行二次招标，即分包转让。

1）工程投标的程序
投标是一项严肃认真的决策工作，必须按照当地规定的程序和做法严格执行。必须满足招标文件的各项要求，遵守有关法律的规定，在规定的招标时间内进行公平、公正的竞争。为了保证投标的公正合理性，增加中标的可能性，投标必须按照一定的程序进行。目前，我国各地的境内工程投标程序基本相同，如图3-2所示。图中列出了投标工作的程序及其各个步骤。

2）资格预审阶段
资格预审（Prequalification）是在招标阶段对申请投标人的第一次筛选，其目的是审查投标人的企业总体能力是否满足招标工程的要求，确保所收到的投标书均来自业主所确信的具有必要资源和经验且能圆满完成拟建工程的承包商。

资格预审阶段包括资格预审文件的编制、资格预审文件的提交、资格预审申请书的分析评估、选择投标人、通知申请人。资格预审主要是采用表格和信用证明的方法，通过定性比较来选择合乎要求的投标人。一般情况下，通过资格预审的单位不应少于五家。

3）投标报价
投标报价是承包商采取投标方式承揽工程项目时，计算和确定承包该工程的投标总价格的过程。报价是工程投标的核心，是招标人选择中标者的主要依据，也是业主和投标人进行合同谈判的基础。投标报价是影响投标人投标成败的关键，因此正确合理地计算与确定投标报价非常重要。

3. 开标、评标与定标

开标和评标是招投标工作的决策阶段，是一项非常关键而又细微的综合性工作。包括开标、评审投标书、包含有偏差的投标书的认定、对投标书的裁定、

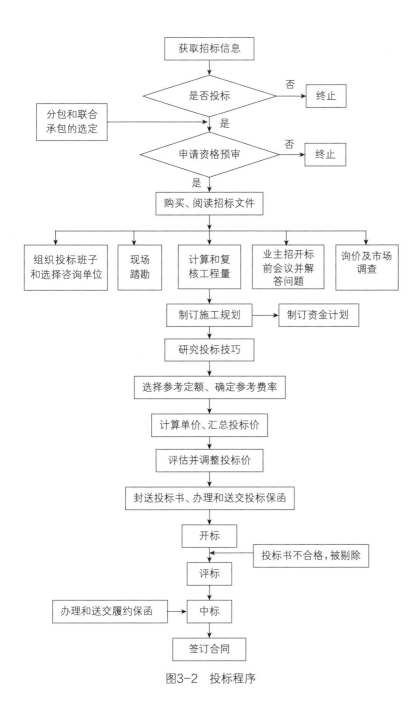

图3-2 投标程序

（2）开标的参加人员：开标由招标人或招标代理机构主持，邀请评标委员会成员、投标人代表、公证部门代表和有关单位代表参加。招标人要实现以各种有效的方式通知投标人参加开标，不得以任何理由拒绝任何一个投标人代表参加开标。

（3）开标的工作内容：开标会的主要工作内容包括宣读无效标和弃权标的规定，核查投标人提交的各种证件、资料，检查标书密封情况并唱标，公布评标原则和评标办法等。

2）评标

评标是对各标书优劣的比较，以便最终确定中标人。评标工作由评标委员会负责。评标的过程通常要经过投标文件的符合性鉴定、技术评审、商务评审、投标文件的澄清与答辩、综合评审、资格后审等几个步骤。

在工程建设项目的招标投标中，评标方法的选择和确定非常重要。既要充分考虑到该方法是否科学合理、公平公正，又要考虑到不同招标项目的具体情况、不同特点和招标人的合理意愿。在实践中，经常使用的评标方法主要有单项评议法和综合评议法。

4. 投标报价的技巧

我国《招标投标法》中规定选择中标人的标准有两种：一是能够最大限度地满足招标文件中规定的各项综合评价标准；二是能够满足招标文件的实质性要求，经评审的投标价格最低。但是，投标价格低于成本的除外。

在实际操作中，常用的评标方法有综合评分法、低标价法、两段三审评标法等。不管采用何种评标方法，在考虑质量、工期、社会信誉等因素后，标价依然是招标人评价和选择的基础。

废标的确定等，其目的是对投标人的投标进行比较，选定最优的投标人。

1）开标

开标是招标人在招标文件规定的时间、地点，在招标投标管理机构的监督下，由招标单位主持当众启封所有投标文件及补充函件，公布投标文件的主要内容和审定的标底（如有标底）的过程。

（1）开标的时间和地点：开标应在招标文件确定的投标截止时间的同一时间公开进行，开标地点应在招标文件中预先确定。若变更开标日期和地点，应提前通知投标企业和有关单位。

所以，报价是中标的关键。工程投标报价的确定是一项策略性、技术性、专业性和艺术性并重的工作。报价技巧与报价策略意图是相辅相成、互相渗透的，只要运用得当，不仅可使业主接受投标报价，而且能在中标后获得更多的利润。常用的投标报价技巧有以下几种：

1）多方案报价法

这是利用工程说明书或合同条款不够明确之处，以争取达到修改工程说明书和合同为目的的一种报价方法。当工程说明书或合同条款有某些不够明确之处时，往往会使承包商承担较大风险。为了减少风险就必须提高工程单价，增加"不可预见费"，但这样做又会因报价过高而增加被淘汰的可能性，多方案报价法就是为应对这种两难局面而出现的。

具体做法是在标书上报两个价目单价：一是按原工程说明书和合同价款报一个价；二是加以注解，"如工程说明书或合同款可作某些改变时"，则可降低多少的费用，以吸引业主去修改说明书和合同条款。或是对某部分工程提出按"成本补偿合同"的方式处理，其余部分包一个总价。这时投标者应组织有经验的技术专家，对原招标文件的设计和施工方案仔细研究，提出更理想的方案。这种新的建议可以降低工程总造价，或是提前竣工，抑或是使工程运用更合理。

2）不平衡报价法

为适应工程量清单报价，投标人对内还需对单价进行合理分析与确定，以确保报价的整体竞争力。

所谓不平衡报价是相对于常规的平衡报价而言的，是在总的报价保持不变的前提下，与正常水平相比，提高某些分项工程的单价，同时，降低另外一些分项工程的单价，以期望在工程结算时得到更理想的经济效益。很显然，不平衡报价法只能适用于单价合同，特点是承包商可以争取做到"早收钱，多收钱"，尽量创造最佳经济效益。

不平衡报价也有风险，需要看承包商的判断和决策是否准确。即便判断正确，业主也可以靠发变更令减少施工时的工程数量，甚至强行改变或取消原有设计。这就需要承包商具备一定的运作经验和技巧，必须在对具体情况做出充分调研分析后才可以形成决策，预留足够的空间去应对业主。常用的不平衡报价法如表3-3所示。

表3-3　　　　　　　　　常用的不平衡报价法

序号	信息类型	变动趋势	不平衡结果
1	资金收入的时间	早 晚	单价高 单价低
2	清单工程量不准确	增加 减少	单价高 单价低
3	报价图纸不明确	增加工程量 减少工程量	单价高 单价低
4	暂定工程	自己承包的可能性高 自己承包的可能性低	单价高 单价低
5	单价和包干混合制项目	固定包干价格项目 单价项目	单价高 单价低
6	单价组成分析表	人工费和机具使用费 材料费	单价高 单价低
7	议标时招标人要求压低单价	工程量大的项目 工程量小的项目	单价小幅度降低 单价大幅度降低
8	工程量不明确的单价项目	没有工程量 有假定的工程量	单价高 单价低

[例3-1] 不平衡报价之早收钱

某承包商参与某高层写字楼装饰工程的投标，为了不影响投标，同时又能在中标后取得较好的收益，他们决定采用不平衡报价法对原预算做出适当调整。

从表面上看，工程总价没有变，但是考虑到资金的时间价值，调整后的工程总价显然要高一些，具体数据分析如表3-4所示。

表3-4　　　　　　　　　　不平衡报价前后数据的分析　　　　　　　　　　单位：万元

	楼地面工程	墙柱面工程	天棚工程	油漆涂料工程	总价
调整前（编制价格）	440	680	780	425	2325
调整后（正式报价）	590	745	630	360	2325

3）增加建议方案

有时招标文件中规定，可以提出一个建议方案，即可以修改原设计方案，提出投标者的方案。投标者这时应组织一批有经验的设计和施工人员，对招标文件的设计和施工方案仔细研究，提出更合理的方案以吸引业主，促成自己的方案中标。这种新的建议方案可以降低总造价、提前竣工或使工程运用更合理。但要注意的是，对原招标方案一定也要报价，以供业主比较。

增加建议方案时，不要将方案写得太具体，要保留方案的技术关键，防止业主将此方案交给其他承包商，同时要强调的是，建议的方案一定要比较成熟，或过去有这方面的实践经验。因为投标时间不长，如果仅为中标而匆忙提出一些没有把握的建议方案，可能会引起很多后患。

4）突然降价法

又称作"突然袭击法"，是一种迷惑对手的竞争手段。报价是一件保密的工作，但竞争对手之间往往会通过各种渠道来刺探情况，绝对保密很难做到。所以，可在报价时采用迷惑对手的方法，即先按一般情况报价或表现出自己对该工程兴趣不大，快到投标截止时间时，再突然降价。采用此法时，一定要在准备投标报价的过程中考虑好降价的幅度，在临近投标截止日期前，根据情报信息与分析进行判断，再做最后决策。

5）扩大标价法

这是一种常用的报价方法，即除了按已知的正常条件编制标价以外，对工程中变化较大或没有把握部分的工作，采用扩大单价，增加"不可预见费"的方法来减少风险。不过，这种投标方法往往因为标价过高而易被淘汰。当然，承包企业也可以利用施工索赔方法，使自己在施工过程中得到非自身原因造成的合同价款以外的补偿，这样招标单位就能得到一个相对较低的报价。

类似的投标方法还有很多，要根据实际情况制订灵活的对策，才能得到较好的效果。

课后练习

一、单选题

1. 工人在夜间施工导致的施工降效费用应属于（　　）。
   A. 直接工程费
   B. 措施费
   C. 规费
   D. 企业管理费

2. 关于企业管理费说法错误的是（　　）。
   A. 可根据企业自身的情况调整取费费率
   B. 包括差旅交通费
   C. 不包括企业管理人员的养老保险和医疗保险
   D. 不包括施工现场管理人员的工资

3. 规费是指政府和有关权力部门规定必须缴纳的费用。下列不属于规费的是（　　）。
   A. 安全施工费
   B. 住房公积金
   C. 工程排污费
   D. 养老保险费

4. 开标时间通常为（　　）。
   A. 招标人通知的时间
   B. 开标单位确定的时间
   C. 投标人协商的时间
   D. 招标文件确定的投标截止时间

5. 工程费用中，税金一般不包括（　　）。
   A. 营业税
   B. 教育费附加
   C. 所得税
   D. 城市维护建设税

6. 项目部公车的汽油费属于下列哪项费用（　　）。
   A. 企业管理费
   B. 规费
   C. 措施费
   D. 其他项目费

7. 装饰工程经常发生的措施费用中不包括（　　）。
   A. 脚手架费
   B. 已完工程及设备保护
   C. 施工排水、降水
   D. 室内空气污染测试

8. 我国现行建设工程费用不包括（　　）。
   A. 招投标费
   B. 税金
   C. 间接费
   D. 利润

9. 建设工程费中的税金是指（　　）。
   A. 营业税、增值税和教育费附加
   B. 营业税、固定资产投资方向调节税和教育费附加
   C. 营业税、城乡维护建设税、教育费附加和地方教育附加
   D. 营业税、教育费附加和地方教育附加

10. 建筑安装工程施工中工程排污费属于（　　）。
    A. 企业管理费
    B. 现场管理费
    C. 规费
    D. 措施费

二、多选题

1. 评标活动应遵循的原则是（　　）。
   A. 公开
   B. 公正
   C. 低价
   D. 科学
   E. 择优

2. 不可竞争费，即不能以任何名义、任何形式减免的费用，以下费用中，属于不可竞争费的有（　　）。
   A. 工程定额测定费
   B. 劳动保险费
   C. 现场安全文明施工费
   D. 税金
   E. 已完工程保护费

3. 招标人对投标人必须进行的审查有（　　）。
   A. 资质条件
   B. 业绩
   C. 信誉
   D. 技术
   E. 资金

4. 以下费用中，属于措施费的有（　　）。
   A. 工具用具使用费
   B. 脚手架费
   C. 检验试验费
   D. 材料运输费
   E. 临时设施费

5. 安全、文明施工费一般由（　　）组成。
   A. 临时设施费
   B. 文明施工费
   C. 工程排污费
   D. 安全施工费
   E. 环境保护费

6. 社会保障费是指企业按规定标准为职工缴纳的费用，通常包括（　　）。
   A. 失业保险费
   B. 养老保险费
   C. 医疗保险费
   D. 住房公积金
   E. 意外伤害险

7. 工程材料费包括（　　）。

A. 运费　　　　　　　B. 材料原价

C. 二次搬运费　　　　D. 保管费

E. 采购人员工资

8. 下列论述不正确的有（　　）。

　　A. 无效投标文件一律不予以评审

　　B. 投标文件要提供电子光盘

　　C. 投标人的投标报价不得高于招标控制价（最高限价）

　　D. 中标人在收到中标通知书后，如有特殊理由可以拒签合同协议书

　　E. 逾期送达的或者未送达指定地点的投标文件，招标人可视情况认定其是否有效

9. 通常所说的"五险一金"中的"五险"包括（　　）。

　　A. 养老保险　　　　B. 工伤保险

　　C. 医疗保险　　　　D. 生育保险

　　E. 失业保险　　　　F. 意外伤害险

10. 人工工资一般包括（　　）。

　　A. 基本工资　　　　B. 住房公积金

　　C. 加班工资　　　　D. 相关保险费

　　E. 工资性补贴

11. 常用投标报价技巧包括（　　）。

　　A. 不平衡报价法　　B. 低价中标法

　　C. 突然降价法　　　D. 多方案报价法

　　E. 缩减税金法

12. 工程招标的主要方式不包括（　　）。

　　A. 内定招标　　　　B. 议标

　　C. 公开招标　　　　D. 不公开招标

　　E. 邀请招标

三、讨论题

1. 收集案例并讨论其招标、投标和评标的相关程序合规与否。

2. 投标报价的技巧有哪些？在实际操作中应如何保证不违反相关法律法规？

第四章 建筑工程定额

一、定额的概念

所谓"定",就是规定;"额",就是额度或限度。从广义上理解,定额就是规定的数量标准和费用额度,是一种标准或尺度。不论表现形式如何,定额的基本性质是一种规定的限度,是一种对事、对人、对物、对资金、对时间、对空间在质和量上的规定。

定额的产生和发展与管理科学的产生与发展有着密切的关系。管理成为科学是从泰勒开始的。继泰勒之后,一方面,管理科学从对操作方法、作业水平的研究向科学组织的研究上扩展;另一方面,也利用现代自然科学和技术科学的新成果作为科学管理的手段。定额随着管理科学的产生而产生,随着管理科学的发展而发展。

建设领域的"定额"通常指规定在生产中各种社会必需劳动的消耗量的标准额度,即在合理劳动组织和合理使用材料与机械的条件下,完成一定计量单位的合格建筑产品所消耗资源的数量标准和费用额度。它反映出完成某项合格产品与各种生产消耗之间特定的数量关系。

工程建设定额由国家指定机构按照一定程序编制、审批和颁发执行。工程定额是一个综合概念,是建设工程计价和管理中各类定额的总称,包括许多种类,可以按照不同的原则和方法对其进行分类。

二、定额的分类

1. 按定额反映的生产要素消耗内容分类

可以把工程定额分为劳动消耗定额、机械消耗定额和材料消耗定额三种。

(1)劳动消耗定额 简称劳动定额,也称为人工定额,是指完成一定数量的合格产品(工程实体或劳务)所规定的劳动消耗的数量标准。劳动定额的主要表现形式为时间定额。例如,一个工人工作8小时为一个工日,劳动定额就表现为完成一定数量的某合格产品需消耗多少个工日。

(2)机械消耗定额 机械消耗定额是以一台机械一个工作班为计量单位,所以又称为机械台班定额。是指为完成一定数量的合格产品(工程实体或劳务)所规定的施工机械消耗的数量标准。正常情况下,一台机械工作8小时为一个台班。

(3)材料消耗定额 简称材料定额,是指完成一定数量的合格产品所需消耗的原材料、成品、半成品、构配件、燃料以及水、电等动力资源的数量标准。

2. 按定额的用途分类

可以把工程定额分为施工定额、预算定额、概算定额、概算指标和投资估算指标五种。

(1)施工定额 施工定额是施工企业为组织生产和加强管理,在企业内部使用的一种定额,属于企业性质的定额,代表社会平均先进水平。

(2)预算定额 预算定额是在编制施工图预算阶段,以工程中的分项工程或结构构件为编制对象,用来计算工程造价和计算工程中的劳动、机械台班、材料需要量的定额。预算定额代表社会平均水平,是计价定额中常用的一种,从编制程序上看,预算定额是以施工定额为基础综合扩大编制的,是编制概算定额的基础,也是确定工程造价的重要依据。

(3)概算定额 概算定额是以扩大分项工程或扩大结构构件为对象编制的,是计算和确定劳动、机械台班、材料需要量所使用的定额,也是一种计价性定额。概算定额是编制扩大初步设计概算、确定建设项目投资额的依据。

(4)概算指标 概算指标的设定和初步设计的深度相适应,项目划分粗略,比概算定额更加综合扩大,它是以整个建筑物或构筑物为对象,以更大的计量单位编制的。

(5)投资估算指标 它的概略程度与可行性研究阶段相适应,项目划分更加粗略,是编制投资估算、计算投资需要量时使用的一种计价性定额。

上述各种定额的相互联系可参照表4-1。

表4-1　　　　　　　　　　　　各种定额相互联系表

定额类型	施工定额	预算定额	概算定额	概算指标	投资估算指标
对象	工序	分项工程	扩大的分项工程	整个建筑物或构筑物	独立的单项工程或完整的工程项目
用途	编制施工预算	编制施工图预算	编制扩大初步设计概算	编制初步设计概算	编制投资估算
项目划分	最细	细	较粗	粗	很粗
定额水平	平均先进	平均	平均	平均	平均
定额性质	生产性定额	计价性定额			

3. 按编制单位和执行范围分类

工程定额分为全国统一定额、行业统一定额、地区统一定额、企业定额和补充定额五种。

（1）全国统一定额　是由国家建设行政主管部门综合全国工程建设中技术和施工组织管理的情况编制，并在全国范围内执行的一种定额。

（2）行业统一定额　是考虑到各行业部门专业工程技术特点，以及施工生产和管理水平编制的，一般只在本行业和相同专业性质的范围内使用。

（3）地区统一定额　指各省、自治区、直辖市定额。主要是考虑地区性特点对全国统一定额水平做适当调整和补充编制的。

（4）企业定额　是由施工企业考虑本企业具体情况，参照国家、部门或地区定额的水平制定的定额。企业定额只在企业内部使用，是企业素质的一个标志。企业定额水平一般要高于国家和行业现行定额，才能满足生产技术发展、企业管理和市场竞争的需要。在工程量清单计价模式下，企业定额作为施工企业进行建设工程投标报价的计价依据，正发挥着越来越重要的作用。

（5）补充定额　是指随着设计、施工技术的发展，现行定额不能满足需要的情况下，为了补充缺陷所编制的定额。补充定额只能在指定的范围内使用，可以作为以后修订定额的基础。

上述各种定额虽然适用于不同的情况和用途，但它们是一个互相联系的、有机的整体，在实际操作中通常配合使用。

三、定额的特点

1. 科学性和实践性

定额的制定来源于施工企业的实践，又服务于施工企业。它是在调查、研究施工过程的客观规律基础上，在共同性与特殊性的研究实践中，根据施工过程中消耗的人工、材料、施工机具及其单价费用的数量，包括各地区的实际情况，以及在施工过程中的施工技术应用与发展制定出来的。因此，定额具有合理的工作时间、资源消耗以及科学的操作方法，在生产实践中，具有一定的科学性和实践性。

同时，施工企业在生产实践中，参照定额可以采取有效措施以提高施工企业的管理水平，促进生产发展，最大限度地提高施工企业的经济效益和社会效益。

2. 法令性和指导性

定额是由国家各级建设部门制定、颁发并供所属设计、施工企业单位使用，在执行范围内任何单位和企业必须遵守执行的法令性政策文件。任何单位与企业不得随意更改其内容和标准，如需修改、调整和补充，必须经主管部门批准，下达相应文件。定额统一了资源消耗的标准，便于国家各级建设主管部门对工程设计标准和企业经营水平进行统一的考核和有效监督。

定额的法令性也决定了它在我国社会主义市场经济的环境下，在一定范围内具有某种程度的指导性。同时，定额本身还具有一定的灵活性，有些项目是根据现行规范和规定制定的，但各地区可按当地材料质量、价格的实际情况进行调整。

3. 稳定性与时效性

定额中的任何一种都是对一定时期技术发展和管理水平的反映，因而它在一段时间内都表现出稳定的状态。其稳定的时间有长有短，一般在5~10年之间。保持定额的稳定性是维护定额的指导性所必需的，更是有效地贯彻定额所必要的。如果某种定额处于经常修改和变动之中，那么必然会造成执行中的困难和混乱，很容易导致定额指导作用的丧失。工程定额的不稳定也会给定额的编制工作带来极大的困难。但是，工程定额的稳定性是相对的。当生产力向前发展时，定额就会与生产力不相适应。这样一来，它原有的作用就会逐步减弱直至消失，这时就需要重新进行编制和修订。

四、预算定额的作用

预算定额在工程设计、施工等领域都得到了广泛应用。其具体作用如下。

1. 是编制施工图预算、确定和控制建筑安装工程造价的基础

编制施工图预算，除设计文件决定的建设工程的功能、规模、尺寸和文字说明是计算分部分项工程量和结构构件数量的依据外，预算定额也是确定一定计量单位工程人工、材料、机械消耗量的依据，是计算分项工程单价的基础。

2. 是对设计方案进行技术经济比较、技术经济分析的依据

设计方案在设计工作中居于中心地位。设计方案的选择要满足功能、符合设计规范，既要技术先进又要经济合理。根据预算定额对方案进行技术经济分析和比较，是选择经济合理的设计方案的重要方法。对设计方案进行比较，主要是通过定额对不同方案所需的人工、材料和机械台班消耗量等进行比较，这种比较可以判明不同方案对工程造价的影响。对于新结构、新材料的应用和推广，也需要借助预算定额进行技术分项和比较，从技术与经济的结合上考虑普遍采用的可能性和效益。

3. 是施工企业进行经济活动分析的参考依据

实行经济核算的根本目的是用经济的方法促使企业在保证质量和工期的条件下，用较少的劳动消耗取得预定的经济效果。目前，我国的预算定额仍决定着企业的收入，即企业必须以预算定额作为评价企业工作的重要标准。企业可根据预算定额，对施工中的劳动、材料、机械的消耗情况进行具体分析，以便找出低工效、高消耗的薄弱环节及其原因，为实现将经济效益的增长方式由粗放型向集约型转变提供对比数据，提高企业在市场上的竞争能力。

4. 是编制招标控制价、投标报价的基础

在进一步全面深化改革，构建高水平社会主义市场经济体制的背景下，预算定额作为编制标底的依据和施工企业报价的基础的作用仍将存在，这是由它本身的科学性和权威性决定的。

5. 是编制概算定额和估算指标的基础

概算定额和估算指标是在预算定额的基础上经综合扩大编制的。用预算定额作为编制依据，这样做不但可以节省编制工作中所需的人力、物力和时间，达到事半功倍的效果，还可以使概算定额和估算指标在水平上与预算定额保持一致，以避免造成执行中的不一致问题。

此外，预算定额也是办理工程价款、处理承发包关系的主要依据之一。定额的应用是否正确，直接影响到工程造价的合理与否，因此，造价人员必须熟练而准确地使用预算定额。

课后练习

一、单选题

1. 预算定额是按照（　　）编制的。
   A. 行业平均水平
   B. 社会平均水平
   C. 行业平均先进水平
   D. 社会平均先进水平

2. 计价性定额中，项目划分最细的是（　　）。
   A. 概算指标
   B. 概算定额
   C. 预算定额
   D. 施工定额

3. 《江苏省建筑与装饰工程计价定额》（2014年）属于哪种定额（　　）。
   A. 全国统一定额
   B. 行业统一定额
   C. 地方统一定额
   D. 企业定额

4. 施工图预算编制依据的定额是（　　）。
   A. 概算指标
   B. 概算定额
   C. 预算定额
   D. 施工定额

5. 定额中人工数量的单位是（　　）。
   A. 个　　　　　　　　B. 人
   C. 天　　　　　　　　D. 工日

6. 租赁的运输车辆的司机工资应该列入（　　）。
   A. 机械台班费　　　　B. 企业管理费
   C. 材料费　　　　　　D. 运输费

7. 下列定额属于生产性定额的是（　　）。
   A. 概算指标　　　　　B. 概算定额
   C. 预算定额　　　　　D. 施工定额

8. 一项紧急抢险工程由10名工人两班倒工作了3天完成，其人工数量为（　　）工日。
   A. 60　　　　　　　　B. 45
   C. 30　　　　　　　　D. 20

二、多选题

1. 下列属于定额特点的是：（　　）。
   A. 动态性
   B. 法令性
   C. 时效性
   D. 实践性
   E. 个别性

2. 按照定额的不同用途分类，可以把建设工程定额分为（　　）。
   A. 施工定额
   B. 预算定额
   C. 概算定额
   D. 工期定额
   E. 机械台班定额
   F. 投资估算指标

3. 下列论述正确的有（　　）。
   A. 概算定额用于编制初步设计概算
   B. 补充定额也是定额的一种
   C. 施工定额是按照社会平均先进水平编制的
   D. 预算定额是生产性定额
   E. 定额的法令性永远有效

三、讨论题

1. 简述建筑装饰工程预算定额、企业定额和施工定额三者的区别。

2. 定额的法令性表现在哪几个方面？造价人员在工作中应如何把握定额的法令性和指导性？

第二篇
景观工程预算

第五章　景观工程概述

景观工程构成六要素为：山、水、树、石、路、建筑。景观工程一般可分为七部分，即土石方工程、绿化种植工程、绿化养护工程、假山工程、园路工程、园桥工程、园林小品工程。

一、绿化工程

绿化植物是景观中最基本的生态要素，通常分为公共绿化、专用绿化、防护绿化、道路绿化及其他绿化类型。一般选用乔木、灌木、藤本及草本植物。下面就部分景观工程的专业概念进行解释。

1. 名词解释

胸径：指距地面1.3m处树干的直径。

苗高：指从地面起到苗木顶梢的高度。

冠径：指异形枝条幅度的水平直径。

条长：指攀缘植物，从地面起到顶梢的长度。

年生：指从繁殖起到掘苗时止的树年龄。

苗木高度：指苗木自地面至最高生长点的垂直距离。

冠丛高：指灌木自地面至最高生长点的垂直距离。

冠丛直径：指苗木冠丛的最大幅度和最小幅度之间的平均直径。

苗木地径：指苗木自地面至0.2m处的树干直径。

苗木长度：又称蓬长、茎长，指攀缘植物的主茎从根部至梢头之间的长度。

土球直径：指苗木移植时，根部所带土球的实际直径。

栽植密度：指单位面积内所种植苗木的数量。

大树：指胸径在25～45cm之间的乔木。

分枝点：指从树干主干分叉分枝的离地面距离最近的接点。

地形塑造：指根据设计要求，将施工场地内的土方通过运、填等方式对原始地形进行改变，以体现设计人员的设计意图。

2. 苗木分类

常绿乔木：指有明显主干，分支点离地面较高，各级侧枝区别较大，全年不落叶的木本植物（定额表现为带土球乔木）。

常绿灌木：指无明显主干，分支点离地面较近，分枝较密，全年不落叶的木本植物（定额表现为带土球灌木）。

落叶乔木：指有明显主干，分支点离地面较高，各级侧枝区别较大，冬季落叶的木本植物（定额表现为裸根乔木）。

落叶灌木：指无明显主干，分支点离地面较近，分枝较密，冬季落叶的木本植物（定额表现为裸根灌木）。

竹类植物：指地上秆茎直立的节，节坚实而明显，节间中空的植物（定额表现为散生竹、丛生竹）。

攀缘植物：指能攀附他物向上生长的蔓生植物。

水生类植物：指完全能在水中生长的植物（定额表现为荷花、睡莲）。

地被植物：指灌木丛高度在40cm以下的灌木（特指成片种植覆盖地面的小灌木类木本植物，定额表现为地被植物）。

花卉类植物：指以其观赏特性而进行种植的植物材料（一般指以观花为主，一、二年生及多年生的草本植物；定额表现为花卉类）。

草坪：指秆、枝、叶均匍地而生，成片种植覆盖地面的草本植物（定额表现为铺、种草坪）。

二、堆砌假山及塑假石山工程

a. 堆砌假山包括湖石假山、黄石假山、塑假石山等，假山基础除注明者外，套用《江苏省仿古建筑与园林工程计价表》（2007年版）（以下称《计价表》）第一册通用项目的相应定额。

b. 砖骨架的塑假石山，如设计要求做部分钢筋混凝土骨架时，应进行换算。钢骨架的塑假石山未包括基础、脚手架和主骨架的工料费。

c. 假山的基础和自然式驳岸下部的挡水墙，按《计价表》第一册通用项目的相应项目定额执行。

三、园路及园桥工程

a. 园路包括垫层、面层，垫层缺项可按《计价表》第一册楼地面工程的相应项目定额执行，其综合人工乘系数1.10，块料面层中包括的砂浆结合层或铺筑用砂的数量不调整。

b. 如用与路面同样的材料铺设路沿或路牙，其工料、机械台班费已包括在定额内，如用其他材料或预制块铺的，按相应的项目定额另行计算。

c. 园桥包括基础、桥台、桥墩、护坡、石桥面等项目，如遇缺项可分别按《计价表》第一册通用项目的相应项目定额执行，其合计工日乘系数1.25，其他不变。

四、园林小品工程

a. 园林小品是指公共场所及园林建设中的工艺点缀品，艺术性较强。它包括堆塑装饰和人造自然树木。

b. 堆塑树木均按一般造型考虑，若采用艺术造型（如树枝、老松皮、寄生等）须另行计算。

c. 黄竹、金丝竹、松棍每条长度不足1.5m的，合计工日乘系数1.5，若骨料不同也可换算。

d. 堆塑装饰定额子目中直径规格不同的具体调整办法：同一子目以相邻直径的步距规格为调整依据，其工、料、机费也按同一子目的相邻差值递增或递减。

课后练习

一、单选题

1. 苗木地径是指苗木自地面至（　　）处的树干直径。
   A. 0.1m　　　　　　　　　B. 0.2m
   C. 0.3m　　　　　　　　　D. 0.5m

2. 小灌木也称地被植物，是指灌木丛高度在（　　）以下的灌木。
   A. 25cm　　　　　　　　　B. 30cm
   C. 40cm　　　　　　　　　D. 45cm

3. 大树是指胸径在（　　）之间的乔木。
   A. 25~45cm　　　　　　　B. 35~55cm
   C. 35~60cm　　　　　　　D. 45~65cm

4. 下列说法错误的是（　　）。
   A. 园林小品一般艺术性较强
   B. 落叶乔木通常有明显主干，分支点离地面较高
   C. 景观工程构成六要素为：山、水、树、石、路、建筑
   D. 常绿灌木不一定全年不落叶

5. 苗木胸径是指距地面（　　）处树干的直径。
   A. 1.0m　　　　　　　　　B. 1.2m
   C. 1.3m　　　　　　　　　D. 1.5m

二、多选题

1. 绿化植物通常选用（　　）。
   A. 灌木　　　　　　　　　B. 藤本植物
   C. 乔木　　　　　　　　　D. 草本植物
   E. 蕨类植物

2. 堆砌假山包括（　　）等。
   A. 塑假石山　　　　　　　B. 毛石假山
   C. 岩石假山　　　　　　　D. 湖石假山
   E. 黄石假山

3. 下列说法正确的是（　　）。
   A. 花卉类植物指以其观赏特性而进行种植的植物材料
   B. 地被植物指秆、枝、叶均匐地而生，成片种植覆盖地面的草本植物
   C. 分枝点指从树干主干分叉分枝的离地面距离远的接点
   D. 苗木高度是指苗木自地面至最高生长点的垂直距离
   E. 落叶乔木各级侧枝区别较大，冬季落叶

4. 景观绿化通常分为（　　）。
   A. 道路绿化　　　　　　　B. 公共绿化
   C. 室内绿化　　　　　　　D. 防护绿化
   E. 专用绿化

5. 攀缘植物的苗木长度又称（　　）。
   A. 根长　　　　　　　　　B. 茎长
   C. 条长　　　　　　　　　D. 梢长
   E. 蓬长

第六章　景观工程量计算

一、绿化工程量计算

1. 基本规定

1）整地

（1）清理障碍物　在施工场地上，凡对施工有碍的一切障碍物，如堆放的杂物、违章建筑、坟堆、砖石块等，需要清理干净。一般情况下，凡能保留的已有树木会尽可能保留。

（2）整理现场　根据设计图纸要求，将绿化地段与其他用地界限区划开来，整理出预定的地形，使其与周围排水趋向一致。整理工作一般应在栽植前3个月以上的时期内进行。

2）定点和放线

行道树的定点、放线（注：道路两侧成行列式栽植的树木，称为行道树）要求栽植位置准确，株行距相等（在国外有用不等距的），一般是按设计断面定点。在已有道路旁定点，以路牙为依据，然后用皮尺、钢尺或测绳定出行位，再按设计定株距，每隔10株于株距中间钉一木桩（不是钉在所挖坑穴的位置上），作为行位控制标法，植树位置的确定，除了应和规定设计部门配合协商外，还应在定点后请设计人员验点。

3）栽植穴、槽的挖掘

栽植穴、槽的质量对植株以后的生长有很大的影响。除设计确定位置外，还应根据根系或土球的大小、土质情况来确定坑（穴）径大小（一般比规定的根系或土球直径大20～30cm）；根据树种根系类别，确定坑（穴）的深浅。坑（穴）或沟槽口径应上下一致，以免在植树时出现根系不能舒展或填土不实的问题。

4）掘苗（起苗）

包括选苗、掘苗前的准备工作、掘苗规格、掘苗等。

5）定额包括运输与假植

包括包装与装运根苗、装运带土球苗、卸车、假植。

6）定额包括苗木种植前的修剪

7）定植

（1）大树移植　应注意移植时间、预掘方法、移植方法、大树的吊运和栽植以及养护管理等。

（2）花坛施工　包括整地、花坛边缘石砌筑、栽植等。

2. 绿地整理工程量计算

1）伐树、挖树根、砍挖灌木丛、挖竹根

（1）伐除树木　凡土方开挖深度不大于50cm或填方高度较小的土方施工，其现场及排水沟中的树木伐除应按当地有关部门的规定办理审批手续，如是名木古树则必须注意保护，做好移植工作。伐树时必须连根拔除，清理树墩。除通过人工进行挖掘外，对于直径在50cm以上的大树墩，可用推土机或爆破方法进行清除。建筑物、构筑物基础下的土方中不得混有树根、树枝、草及落叶等物。

（2）掘苗　将树苗从某地连根（裸根或带土球）起出的操作称为掘苗。

（3）挖坑（槽）　挖坑的规格大小，应根据根系或土球的规格以及土质情况来确定，一般坑径应比根茎大一些。挖坑深浅与树种根系分布深浅有直接关系，在确定挖坑深度规格时应进行充分考虑。其主要方法包括人力挖坑和机械挖坑。

（4）清理障碍物　绿化工程用地边界确定后，地界之内有碍施工的市政设施、农田设施（如房屋、树木、坟墓、堆放杂物、违章建筑等）应一律进行拆除和迁移。

（5）现场清理　植树工程竣工后（一般指定植灌完3次水后），应将施工现场彻底清理干净，主要包括：a.封堰，单株浇水的应将树堰埋平，若是秋季植树，应将树堰内垒起约为20cm高的土堆；b.整畦，采用大畦灌水的应将畦梗整理整齐，畦内进行深中耕；c.清扫保洁，最后将施工现场全面清扫一次，将无用杂物处理干净并注意保洁，真正做到场光地净、文明施工。

2）清除草皮

可用人工中耕除草、机械中耕除草、化学除草三种方法。

3）整理绿化草地

包括土方开挖、土方运转、土方回填、土方压实。

3. 绿化种植工程量计算

a. 苗木起挖和种植：不论大小、分别按株（丛）、米、平方米计算。

b. 绿篱起挖和种植：不论单双排，均按延长米计算；两排以上视作片植，套用片植绿篱，以平方米计算。

c. 花卉、草皮（地被）：以平方米计算。

d. 起挖或栽植带土球乔、灌木：以土球直径大小或树木冠幅大小选用相应子目。土球直径按乔木胸径的8倍、灌木地径的7倍取定（无明显干径，按自然冠幅的0.4倍计算）。棕榈种植物按地径的2倍计算（棕榈科植物以地径换算相应规格土球直径套乔木项目）。

e. 人工换土量：按工程所在地《绿化工程相应规格对照表》有关规定，按实际天然密实土方量以立方米计算（人工换土项目已包括场内运土，场外土方运输按相应项目计价）。

f. 大面积换土：按施工图要求或绿化设计规范要求以立方米计算。

g. 土方造型（不包括一般绿地自然排水坡度形成的高差）：按所需土方量以立方米计算。

h. 树木支撑：按支撑材料、支撑形式不同以株计算，金属构件支撑以吨计算。

i. 草绳绕树干：按胸径不同根据所绕树干长度以米计算。

j. 搭设遮阴棚：根据搭设高度按遮阴棚的展开面积以平方米计算。

k. 绿地平整：按工程实际施工的面积以平方米计算，每个工程只可计算一次绿地平整子目。

l. 垃圾深埋的计算：以就地深埋的垃圾土（一般以三、四类土）和好土（垃圾深埋后翻到地表面的原深层好土）的全部天然密实土方总量，计算垃圾深埋子目的工程量，以立方米计算。

4. 绿化养护工程量计算

a. 乔木分常绿、落叶二类，均按胸径以株计算。

b. 灌木均按蓬径以株计算。

c. 绿篱分单排、片植二类。单排绿篱均按修剪后净高高度以延长米计算，片植绿篱均按修剪后净高高度以平方米计算。

d. 竹类按不同类型，分别以胸径、根盘丛径以株或丛计算。

e. 水生植物分塘植、盆植二类。塘植按丛计算，盆植按盆计算。

f. 球型植物均按蓬径以株计算。

g. 露地花卉分草本植物、木本植物、球、块根植物三类，均按平方米计算。

h. 攀缘植物均按地径以株计算。

i. 地被植物分单排、双排、片植三类。单、双排地被植物均按延长米计算，片植地被植物以平方米计算。

j. 草坪分暖地型、冷地型、杂草型三类，均以实际养护面积按平方米计算。

k. 绿地的保洁，应扣除各类植物树穴周边已分别计算的保洁面积，植物树穴保洁面积按相关规定折算。

二、堆砌假山及塑假石山工程量计算

a. 假山散点石工程量按实际堆砌的石料以吨计算。计算公式：堆砌假山散点石工程量（吨）=进料验收的数量−进料剩余数。

b. 塑假石山的工程量按外形表面的展开面积计算。

c. 塑假石山钢骨架制作安装按设计图示尺寸重量以吨计算。

d. 整块湖石峰以座计算。

e. 石笋安装按图示要求以块计算。

三、园路及园桥工程量计算

a. 各种园路垫层按设计图示尺寸，两边各放宽5cm乘厚度以立方米计算。

b. 各种园路面层按设计图示尺寸，长×宽×厚，按立方米计算。

c. 园桥：毛石基础、桥台、桥墩、护坡按设计图示尺寸以立方米计算。桥面及栈道按设计图示尺寸以平方米计算。

d. 路牙、筑边按设计图示尺寸以延长米计算；锁口按平方米计算。

四、园林小品工程量计算

a. 堆塑装饰工程分别按展开面积以平方米计算。

b. 塑松棍（柱）、竹分不同直径，工程量以延长米计算。

c. 塑树头按顶面直径和不同高度以个计算。

d. 原木屋面、竹屋面、草屋面及玻璃屋面按设计图示尺寸以平方米计算。

e. 石桌、石凳按设计图示数量以组计算。

f. 石球、石灯笼、石花盆、塑仿石音箱按设计图示数量以个计算。

g. 金属小品按图示钢材尺寸以吨计算，不扣除孔眼、切肢、切角、切边的重量，电焊条重量已包括在定额内，不另计算。在计算不规则或多边形钢板重量时均以矩形面积计算。

五、工程量计算案例

[例6-1] 某住宅小区内原有一块长方形绿地，长25m，宽14.4m，现重新布置，需要把以前所种植物全部更新：绿地中两个灌木丛占地面积为90m²，竹林面积为60m²，挖出土方量为30m³。场地需要重新平整，绿地内为普坚土，如图6-1所示。计算其工程量。

【解】

（1）项目编码：050101001　项目名称：伐树、挖树根
工程量计算规则：按数量计算。

毛白杨——24株；红叶李——6株；旱柳——8株

（2）项目编码：050101002　项目名称：砍挖灌木丛
工程量计算规则：按数量计算。月季——87株

（3）项目编码：050101003　项目名称：挖竹根
工程量计算规则：按数量计算。竹子——45株

（4）草皮的面积=总的绿化面积-灌木丛的面积-竹林的面积
即草皮的面积=25×14.4-90-60=210.00（m²）

（5）人工整理绿化用地：25×14.4=360.00（m²）
工程量计算结果如表6-1所示。

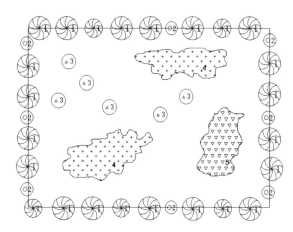

1—毛白杨　　2—旱柳　　3—红叶李
4—月季　　5—竹子

图6-1　某住宅小区绿化平面图

表6-1　　　　　　　　　　　　　　工程量计算表

序号	项目编码	项目名称	项目特征描述	单位	工程量
1	050101001001	起挖乔木	毛白杨，离地面20cm处树干直径在30cm以内	株	19
2	050101001002	起挖乔木	毛白杨，离地面20cm处树干直径在40cm以内	株	5
3	050101001003	起挖乔木	红叶李，离地面20cm处树干直径在30cm以内	株	6
4	050101001004	起挖乔木	旱柳，离地面20cm处树干直径在30cm以内	株	8
5	050101002001	起挖灌木丛	月季，冠幅50cm以内裸根	株	87
6	050101003001	起挖竹根	散生竹胸径4cm内	株	45
7	050101005001	起挖草皮	草皮满铺带土2cm内	m²	210.00
8	050101006001	整理绿化用地	人工整理绿化用地	m²	360.00

课后练习

一、单选题

1. 钢筋通常以（　　）为计量单位，计算时，须精确至小数点后（　　）位数。

A. kg；2　　　　　　　B. kg；3

C. t；2　　　　　　　D. t；3

2. 绿篱起挖和种植，（　　）排以上视作片植，套用片植绿篱以（　　）计算。

A. 两；延长米　　　　B. 两；平方米

C. 三；延长米　　　　D. 三；平方米

3. 石桌、石凳按设计图示数量以（　　）计算。

A. 项　　　　　　　　B. 套

C. 个　　　　　　　　D. 组

4. 金属小品按图示钢材尺寸以（　　）计算。

A. 吨　　　　　　　　B. 平方米

C. 个　　　　　　　　D. 立方米

5. 绿地平整，按工程实际施工的面积以平方米计算，每个工程可计算（　　）次绿地平整子目。

A. 一次　　　　　　　B. 两次

C. 三次　　　　　　　D. 四次

6. 乔木分常绿、落叶二类，均按（　　）以株计算。

A. 苗高　　　　　　　B. 土球直径

C. 年生　　　　　　　D. 胸径

7. 太湖石假山的计量单位是（　　）。

A. 吨　　　　　　　　B. 平方米

C. 立方米　　　　　　D. 块

8. 各种园路垫层按设计图示尺寸，两边各放宽（　　）乘厚度以立方米计算。

A. 5cm　　　　　　　B. 2cm

C. 10cm　　　　　　　D. 8cm

9. 球型植物均按（　　）以株计算。

A. 冠丛高　　　　　　B. 冠丛直径

C. 冠径　　　　　　　D. 蓬径

10. 起挖一胸径40cm的乔木，土球直径应为（　　）。

A. 1.8m　　　　　　　B. 2.4m

C. 3.2m　　　　　　　D. 4m

11. 用做树木支撑的金属构件支撑以（　　）计算。

A. 根　　　　　　　　B. 吨

C. 组　　　　　　　　D. 株

二、多选题

1. 清除草皮有哪几种方法（　　）。

A. 引入相克植物　　　B. 人工中耕除草

C. 机械中耕除草　　　D. 化学除草

E. 优胜劣汰的自然法则

2. 塑树头通常考虑以下哪个条件后以个计算（　　）。

A. 顶面直径　　　　　B. 高度

C. 体积　　　　　　　D. 平均直径

E. 质量

3. 绿化种植包括下列哪些内容（　　）。

A. 平整场地　　　　　B. 人工换土

C. 假植　　　　　　　D. 绿化养护

E. 栽植技术措施

4. 整理绿化草地包括哪几项内容（　　）。

A. 土方开挖　　　　　B. 土方运转

C. 土方晾晒　　　　　D. 土方压实

E. 土方回填

5. 栽植穴直径一般比土球直径大，下列做法正确的有（　　）。

A. 栽植穴直径比土球直径大5cm

B. 栽植穴直径比土球直径大10cm

C. 栽植穴直径比土球直径大15cm

D. 栽植穴直径比土球直径大20cm

E. 栽植穴直径比土球直径大30cm

6. 塑假石山的工程量计算说法错误的是（　　）。

A. 外形水平投影面积计算

B. 外形表面的展开面积

C. 按设计图示尺寸以体积计算

D. 按设计图示尺寸以质量计算

E. 外形水平投影面积乘以系数1.5计算

7. 下列说法错误的是（　　）。

A. 石花盆按设计图示数量以个计算

B. 花卉以平方米计算

C. 地被植物按高度以株计算

D. 灌木按蓬径以株计算

E. 大面积换土以吨计算

8. 景观草坪一般分（　　）几类。

A. 养护型　　　　　　B. 非养护型

C. 冷地型　　　　　　D. 杂草型

E. 暖地型

9. 地被植物分（　　）几类。

A. 片植　　　　　　　B. 单排

C. 双排　　　　　　　D. 草本

E. 木本

三、计算题

列表计算你的校园中某片区绿化景观的工程量。

四、讨论题

造价人员在工作中应如何做到严谨认真，计算结果精确无误？

第七章 景观工程定额及应用

园林工程预算定额有全国性定额和各地方定额。考虑各地区实际情况，通常采用地方定额，如江苏省采用的是《江苏省仿古建筑与园林工程计价表》（2007年版）。各地方定额仅限于地区范围内执行，但是使用方法基本相同。下面以《江苏省仿古建筑与园林工程计价表》（2007年版）为例进行讲解。

《江苏省仿古建筑与园林工程计价表》（2007年版）（以下称计价表）主要由三部分组成：第一册通用项目，第二册营造法原作法项目，第三册园林工程。如表7-1所示。

表7-1　　　《江苏省仿古建筑与园林工程计价表》（2007年版）的主要内容

章节		分部工程名称
		费用计算规划
		总说明
		仿古建筑面积计算规划
第一册 通用项目	第一章	土石方、打桩、基础垫层工程
	第二章	砌筑工程
	第三章	混凝土及钢筋混凝土工程
	第四章	木作工程
	第五章	楼地面及屋面防水工程
	第六章	抹灰工程
	第七章	脚手架工程
	第八章	模板工程
第二册 营造法原作法项目	第一章	砖细工程
	第二章	石作工程
	第三章	屋面工程
	第四章	抹灰工程
	第五章	木作工程
	第六章	油漆工程
	第七章	彩画工程
第三册 园林工程	第一章	绿化种植
	第二章	绿化养护
	第三章	假山工程
	第四章	园路及园桥工程
	第五章	园林小品工程

一、园林工程预算定额内容简介

（1）计价表由三册二十章及八个附录组成。计价表中的第一册通用项目与第二、三册项目配套使用。第二册主要适用于以《营造法原》为主设计、建造的仿古建筑工程及其他建筑工程的仿古部分；第三册适用于城市园林工程，也适用于厂矿、机关、学校、宾馆、居住小区等的园林工程，以及市政工程中的景观绿化工程。

（2）计价表适用于江苏省行政区域范围内新建、扩建的仿古建筑与园林工程，同时也适用于市政工程中的景观绿化工程，不适用于改建和临时性工程，修缮工程预算定额缺项项目，可以参考本计价表相应子目使用。

计价表中未包括的拆除、零星修补等项目，应按照2009年《江苏省房屋修缮工程计价表》及其配套费用定额执行；未包括的安装工程项目，应按照《江苏省安装工程计价表》（2004年实施，2014年更新）及其配套费用计算规则执行。

（3）计价表中的综合单价由人工费、材料费、机械费、管理费、利润五项费用组成。仿古建筑及园林工程的管理费与利润，已按照三类工程标准计入综合单价内；一、二类工程应根据《江苏省仿古建筑与园林工程费用计算规则》规定，对管理费和利润进行调整后计入综合单价内。

计价表项目中带括号的定额项目和材料价格供选用，未包含在综合单价内。

部分计价表项目在引用其他项目综合单价时，引用的项目综合单价列入材料费一栏，但其五项费用数据在项目汇总时已作拆解分列，使用中应予注意。

（4）计价表是按正常的施工条件，合理的施工组织设计，使用合格的材料、成品、半成品，以江苏省现行的常规施工做法进行编制。计价表中规定的工作内容，均包括完成该项目过程的全部工序以及施工过程中所需的人工、材料、半成品和机械台班数量，次要工序虽未一一说明，但已包括在内。除计价表中有规定允许调整外，其余不得因具体工程的施工组织设计、施工方法和工、料、机等耗用与计价表有出入而调整计价表用量。

（5）计价表人工工资，第一册与第三册为37.00元/工日，第二册为45.00元/工日；工日中包括基本用工、材料场内运输用工、部分项目的材料加工及人工幅度差等。

（6）材料说明及有关规定：

a. 计价表中材料预算价格的组成：材料预算价格=〔采购原价（包括供销部门手续费和包装费）+场外运输费〕×1.02（采购保管费）。

b. 计价表项目中主要材料、成品、半成品均按合格的品种、规格加施工场内运输损耗及操作损耗以数量列入定额，次要和零星材料以"其他材料费"按"元"列入。

c. 计价表中的材料、成品、半成品，除注明者外，均包括了施工现场范围以内的全部水平运输及檐高在20m以内的垂直运输。场内水平运输，除另有规定外，实际距离不论远近，不做调整，但遇工程上山或过河等特殊情况，应另行处理。

d. 周转性材料已按规范及操作规程的要求，以摊销量列入定额项目中。

e. 计价表项目中的黏土材料，如就地取土者，应扣除黏土价格，另增挖、运土方人工费用。

f. 计价表项目中的综合单价、附录中的材料及苗木预算价格是作为编制预算的参考，工程实际发生（确定）的价格与定额取定价格之价差，计算时应列入综合单价内。

（7）市区沿街建筑若在现场堆放材料有困难、汽车不能将材料运入巷内的建筑、材料不能直接运到单位工程周边需再次中转，以及建设单位不能按正常合理的施工组织设计提供材料、构件堆放场地和临时设施用地的工程，所发生的二次搬运费用，按照《江苏省仿古建筑及园林工程费用计算规则》规定计算。

（8）工程施工用水、电，应由建设单位在现场装置水、电表，交施工单位保管使用，施工单位按电表读数乘以预算单价付给建设单位；如无条件装表计量，由建设单位直接提供水电，在竣工结算时按定额含量乘以预算单价付给建设单位。生活用水、电按实际发生金额支付。

（9）计价表中仿古建筑及园林工程管理费和利润计算标准：管理费以三类工程的标准列入定额子目，其计算基础仿古建筑工程为人工费加机械费，园林工程为人工费。利润不分工程类别，按表7-2计算。

表7-2　　　　　　　　　　仿古建筑及园林工程管理费、利润取费标准

序号	工程名称	计算基础	管理费费率/%			利润费率/%
			一类工程	二类工程	三类工程	
1	仿古建筑工程	人工费+机械费	57	50	43	12
2	园林工程	人工费	30	24	18	14

（10）计价表（定额）缺项项目，由施工单位提出实际耗用的人工、材料、机械含量测算资料，经工程所在市工程造价管理处（定额站）批准并报省定额总站备案后方可执行。

二、绿化定额相关说明

（1）定额适用于正常种植季节的施工。落叶树木种植和挖掘应在春季解冻以后、发芽以前，或在秋季落叶后冰冻前进行；常绿树木的种植和挖掘应在春天土壤解冻以后、树木发芽以前，或在秋季新梢停止生长后降霜以前进行。非正常种植季节施工，所发生的额外费用应另行计算。

（2）不含胸径大于45cm的特大树、名贵树木、古老树木起挖及种植。

（3）定额由苗木起挖、苗木栽植、苗木假植、栽植技术措施、人工换土、垃圾土深埋等工程内容组成。包括绿化种植前的准备工作，种植，绿化种植后周围2m内的垃圾清理，苗木种植竣工初验前的养护（即施工期养护）。不包括以下内容：

a. 种植前建筑垃圾的清除、其他障碍物的拆除。
b. 绿化围栏、花槽、花池、景观装饰、标牌等的砌筑，混凝土、金属或木结构构件及设施的安装（除支撑外）。
c. 种植苗木异地的场外运输（该部分的运输费计入苗木价）。
d. 种植成活期养护（见第二章绿化养护相应项目）。
e. 种植土壤的消毒及土壤肥力测定费用。
f. 种植穴施基肥（复合肥）。

（4）定额苗木起挖和种植均以一、二类土为计算标准，若遇三类土，人工乘以系数1.34；若遇四类土，人工乘以系数1.76。

（5）施工现场范围内苗木、材料、机具的场内水平运输，均已包括在定额内，除定额规定者外，均不得调整。因场地狭窄、施工环境限制而不能直接运到施工现场，且施工组织设计要求必须进行二次运输的，另行计算。

（6）种植工程定额子目均未包括苗木、花卉本身价值。苗木、花卉价值应分品种不同，按规格分别取定苗木编制期价格。苗木花卉价格均应包含苗木原价、苗木包扎费、检疫费、装卸车费、运输费（不含二次运输）及临时养护费等。

（7）绿化定额子目苗木含量已综合了种植损耗、场内运输损耗、成活率补损损耗，其中乔灌木土球直径在100cm以上，损耗系数为10%；乔灌木土球直径在40～100cm以内，损耗系数为5%；乔灌木土球直径在40cm以内，损耗系数为2%；其他苗木（花卉）等为2%。

（8）苗木成活率指由绿化施工单位负责采购，经种植、养护后达到设计要求的成活率，定额成活率为100%（如建设单位自行采购，成活率由双方另行商定）。

（9）种植绿篱项目分别按1株/m、2株/m、3株/m、5株/m，花坛项目分别按6.3株/m²、11株/m²、25株/m²、49株/m²、70株/m²进行测算，实际种植单位株数不同时，绿篱及花卉数量可以换算，人工、其他材料及机械不得调整。

（10）起挖、栽植乔木，带土球时当土球直径大于120cm（含120cm）或裸根时胸径大于15cm（含15cm）以上的截干乔木，定额人工及机械乘以系数0.8。

（11）起挖、栽植绿篱（含小灌木及地被）、露地花卉、塘植水生植物，当工程实际密度与定额不同时，苗木、花卉数量可以调整，其他不变。

（12）定额以原土回填为准，如需换土，按换土定额另行计算。

（13）栽植技术措施子目的使用，必须根据实际需要的支撑方法和材料，套用相应定额子目。

（14）楼层间、阳台、露台、天台及屋顶花园的绿化，套用相应种植项目，人工乘以系数1.2，垂直运输费按施工组织设计计算。在大于30°的坡地上种植时，相应种植项目人工乘以系数1.1。

三、绿化工程预算定额解读

具体内容见表7-3～表7-7。

表7-3　　　　　　　　　　　　　　起挖灌木　　　　　　　　　　　　　　计量单位：10株

定额编号				3-48		3-49		3-50	
项目	单位	单价		起挖灌木（裸根）					
				冠幅在（cm内）					
				50		100		150	
				数量	合价	数量	合价	数量	合价
综合单价		元		5.37		29.79		130.40	
其中	人工费	元		4.07		22.57		98.79	
	材料费	元		—		—		—	
	机械费	元		—		—		—	
	管理费	元		0.73		4.06		17.78	
	利润	元		0.57		3.16		13.83	
综合人工	工日	37.00		0.11	4.07	0.61	22.57	2.67	98.79

注：工作内容为起挖、出塘、修剪、打浆、搬运集中、回土填塘、清理场地。

表7-4　　　　　　　　　　　　起挖露地花卉及草皮　　　　　　　　　　　计量单位：10m²

定额编号				3-97		3-98		3-99	
项目	单位	单价		起挖草坪					
				满铺				散种（散铺）	
				草皮带土2cm内		草皮带土2cm外			
				数量	合价	数量	合价	数量	合价
综合单价		元		13.27		16.39		9.10	
其中	人工费	元		9.25		11.47		6.29	
	材料费	元		1.05		1.25		0.80	
	机械费	元		—		—		—	
	管理费	元		1.67		2.06		1.13	
	利润	元		1.30		1.61		0.88	
综合人工	工日	37.00		0.25	9.25	0.31	11.47	0.17	6.29
材料	608011501 草绳	kg	0.38	2.75	1.05	3.30	1.25	2.10	0.80

注：①工作内容为起挖、出塘、搬运集中、回土填塘、清理场地。②散铺按占地面积计算。

表7-5 起挖竹类 计量单位：10株

定额编号				3-69		3-70		3-71		3-72	
项目	单位	单价		起挖散生竹类							
				胸径在（cm内）							
				2		4		6		8	
				数量	合价	数量	合价	数量	合价	数量	合价
综合单价		元		9.23		27.27		40.44		68.24	
其中	人工费		元	5.55		18.50		27.75		48.10	
	材料费		元	1.90		2.85		3.80		4.75	
	机械费		元	—		—		—		—	
	管理费		元	1.00		3.33		5.00		8.66	
	利润		元	0.78		2.59		3.89		6.73	
综合人工		工日	37.00	0.15	5.55	0.50	18.50	0.75	27.75	1.30	48.10
材料	608011501 草绳	kg	0.38	5.00	1.90	7.50	2.85	10.00	3.80	12.50	4.75

注：工作内容为起挖、包扎、出塘、修剪、搬运集中、回土填塘、清理场地。

表7-6 平整场地 计量单位：10m²

定额编号				1-121		1-122		1-123	
项目	单位	单价		平整场地		原土打底夯			
						地面		基（槽）坑	
				数量	合价	数量	合价	数量	合价
综合单价		元		35.96		8.11		10.56	
其中	人工费		元	23.20		4.07		4.88	
	材料费		元	—		—		—	
	机械费		元	—		1.16		1.93	
	管理费		元	9.98		2.25		2.93	
	利润		元	2.78		0.63		0.82	
综合人工		工日	37.00	0.627	23.20	0.11	4.07	0.132	4.88
机械	01068 夯实机（电动）夯击能力20～62N·m	台班	24.16			0.048	1.16	0.08	1.93

注：工作内容为厚度在300mm以内的挖、填、找平。

表7-7　　　　　　　　　　　　起挖乔木　　　　　　　　　　　　计量单位：10株

定额编号			3-29		3-30		3-31		3-32	
项目	单位	单价	起挖乔木（裸根）							
			胸径在（cm内）							
			30		35		40		45	
			数量	合价	数量	合价	数量	合价	数量	合价
综合单价		元	2160.39		2870.45		3908.86		5120.10	
其中 人工费		元	1246.90		1661.30		2216.30		2956.30	
材料费		元	68.40		79.80		91.20		102.60	
机械费		元	446.08		597.74		892.15		1115.19	
管理费		元	224.44		299.03		398.93		532.13	
利润		元	174.57		232.58		310.28		413.88	
综合人工	工日	37.00	33.70	1246.90	44.90	1661.30	59.90	2216.30	79.90	2956.30
材料 608011501 草绳	kg	0.38	180.00	68.40	210.00	79.80	240.00	91.20	270.00	102.60
机械 03020 汽车式起重机 16t	台班	892.15	0.50	446.08	0.67	597.74	1.00	892.15	1.25	1115.19

注：工作内容为起挖、出塘、修剪、打浆、搬运集中、回土填塘、清理场地。

四、定额应用案例

[例7-1] 某住宅小区内原有一块长方形绿地，长25m，宽14.4m，现重新布置，需要把以前所种植物全部更新：绿地中两个灌木丛占地面积为90m²，竹林面积为60m²，挖出土方量为30m³。场地需要重新平整，绿地内为普坚土，工程量清单见表6-1。试通过查阅定额计算各分项工程的费用。

【解】

1）套用相应定额分别计算各分项工程合价

①起挖毛白杨，离地面20cm处树干直径在30cm以内，共19株。查表7-7定额编号3-29，综合单价为2160.39元/10株。

计算该项工程合价为：2160.39÷10×19＝4104.74（元）

②起挖毛白杨，离地面20cm处树干直径在40cm以内，共5株。查表7-7定额编号3-31，综合单价为3908.86元/10株。

计算该项工程合价为：3908.86÷10×5＝1954.43（元）

③起挖红叶李，离地面20cm处树干直径在30cm以内，共6株。查表7-7定额编号3-29，综合单价为2160.39元/10株。

计算该项工程合价为：2160.39÷10×6＝1296.23（元）

④起挖旱柳，离地面20cm处树干直径在30cm以内，共8株。查表7-7定额编号3-29，综合单价为2160.39元/10株。

计算该项工程合价为：2160.39÷10×8＝1728.31（元）

⑤起挖月季，冠幅50cm以内裸根，共87株。查表7-3定额编号3-48，综合单价为5.37元/10株。

计算该项工程合价为：5.37÷10×87＝46.72（元）

⑥起挖散生竹，胸径4cm内，共45株。查表7-5定额编号3-70，综合单价为27.27元/10株。

计算该项工程合价为：27.27÷10×45＝122.72（元）

⑦起挖草皮，草皮满铺带土2cm内，共210.00m²。查表7-4定额编号3-97，综合单价为13.27元/10m²。

计算该项工程合价为：13.27÷10×210＝278.67（元）

⑧整理绿化用地，共360.00m²。查表7-6定额编号1-121，综合单价为35.96元/10m²。

计算该项工程合价为：35.96÷10×360＝1294.56（元）

2）将计算数据填入表7-8。

表7-8

分项工程费用计算表

序号	项目编码	项目名称	定额编号	计量单位	工程量	金额/元		
						综合单价	合价	其中:暂估价
1	050101001001	起挖乔木	3-29	株	19	216.039	4104.74	
2	050101001002	起挖乔木	3-31	株	5	390.886	1954.43	
3	050101001003	起挖乔木	3-29	株	6	216.039	1296.23	
4	050101001004	起挖乔木	3-29	株	8	216.039	1728.31	
5	050101002001	起挖灌木丛	3-48	株	87	0.537	46.72	
6	050101003001	起挖散生竹	3-70	株	45	2.727	122.72	
7	050101005001	起挖草皮	3-97	m²	210.00	1.327	278.67	
8	050101006001	整理绿化用地	1-121	m²	360.00	3.596	1294.56	
合计							10826.38	

一、单选题

1. 某校园起挖露地满铺草皮100m²，草皮带土3cm，其定额人工费为（　　）。
   A. 92.5元　　　　　　B. 132.7元
   C. 163.9元　　　　　D. 114.7元

2. 工人在夜间施工导致的施工降效费用应属于（　　）。
   A. 直接工程费　　　　B. 措施费
   C. 规费　　　　　　　D. 企业管理费

3. 《江苏省仿古建筑与园林工程计价表》（2007年版）属于下列哪种定额（　　）。
   A. 国家定额　　　　　B. 地方定额
   C. 企业定额　　　　　D. 行业定额

4. 起挖一株胸径42cm的裸根榉树，定额费用为（　　）。
   A. 5120.1元　　　　　B. 3908.86元
   C. 512.01元　　　　　D. 390.89元

5. 屋顶花园绿化时，套用相应种植项目时，人工需要乘以系数（　　）。
   A. 1.1　　　　　　　B. 1.15
   C. 1.2　　　　　　　D. 1.25

6. 屋顶花园栽植土球直径15cm带土球灌木黄杨20株，其定额单价为（　　）。
   A. 6.45元/10株　　　B. 7.57元/10株
   C. 12.9元/10株　　　D. 15.14元/10株

7. 园林工程利润占人工费的比例是（　　）。
   A. 12%　　　　　　　B. 14%
   C. 15%　　　　　　　D. 18%

8. 《江苏省仿古建筑与园林工程计价表》（2007年版）主要由三册组成，其中第二册的内容是（　　）。
   A. 营造法原作法项目　B. 通用项目
   C. 景观工程　　　　　D. 园林工程

9. 起挖一片年久的竹林后，平整场地100m²，土壤为三类土，人工单价为200元/工日，其管理费为（　　）。
   A. 356.62元　　　　　B. 225.72元
   C. 317.84元　　　　　D. 539.46元

10. 起挖一片年久的竹林，约150株竹子，胸径为5cm，土壤为三类土，人工单价为200元/工日，其利润为（　　）。
    A. 315.41元　　　　　B. 422.10元
    C. 156.38元　　　　　D. 416.25元

11. 定额中所述的苗木成活率指由绿化施工单位负责采购，经种植、养护后达到设计要求的成活率。定额成活率为（　　）。
    A. 100%　　　　　　　B. 98%
    C. 95%　　　　　　　D. 90%

二、多选题

1. 下列章节名称中，属于园林工程的有（　　）。
   A. 假山工程　　　　　B. 木结构工程
   C. 绿化养护　　　　　D. 园林小品工程
   E. 油漆彩画工程

2. 园林工程中的工日中包括（　　）等。
   A. 人工幅度差　　　　B. 材料场内运输用工
   C. 基本用工　　　　　D. 材料加工
   E. 材料采购用工

3. 平整场地项目利润的计算基数有（　　）。
   A. 人工费　　　　　　B. 材料费
   C. 管理费　　　　　　D. 措施费
   E. 机具使用费

4. 堆砌假山利润与下列哪项费用的变化无关（　　）。
   A. 人工费　　　　　　B. 材料费
   C. 管理费　　　　　　D. 措施费
   E. 机具使用费

5. 关于《江苏省仿古建筑与园林工程计价表》（2007年版），下列说法正确的是（　　）。
   A. 定额内不含胸径大于45cm的特大树、名贵树木、古老树木起挖及种植
   B. 定额内苗木种植包括种植前建筑垃圾的清除、其他障碍物的拆除
   C. 计价表是按合理施工组织设计、使用合格的材料、现行的先进施工做法进行编制的
   D. 定额内苗木种植包括绿化种植前的准备工作
   E. 计价表中仅第三册适用于城市园林工程

6. 花坛项目通常按每平方米多少株进行测算（　　）。
   A. 6.3株　　　　　　　B. 9株
   C. 11株　　　　　　　D. 25株
   E. 70株

三、计算题

根据定额为某小区绿化工程进行报价，工程量如表7-9所示。

表7-9 　　　　　　　　　　　　　某小区绿化工程量

序号	绿化名称	单位	数量	序号	绿化名称	单位	数量
1	草皮（百慕大）	m²	1067	10	剑兰	株	14
2	红叶石楠	m²	358	11	榉树	株	11
3	重阳木	株	6	12	广玉兰	株	11
4	日本晚樱	株	7	13	紫薇	株	8
5	垂柳	株	6	14	红枫	株	4
6	毛鹃球	株	55	15	银杏（嫁接）	株	10
7	瓜子黄杨球	株	27	16	山茶	株	19
8	四季桂	株	21	17	红花继木球	株	6
9	碧桃	株	17	18	时令花卉	m²	76

四、讨论题

对比上一题大家给出的不同答案，讨论造价人员计算错误会对工程、对公司造成哪些影响？

第八章　景观工程费用计算

景观工程费用计算参照建设工程费用计算规则。

目前，我国建设领域通常实行综合单价法，各种定额也是以综合单价编制的。综合单价由人工费、材料费、施工机具使用费、企业管理费和利润五部分组成。对于任何一项工程来说，其工程费用的计算基础都是工程量和综合单价，即合价=∑工程量×综合单价。其中，工程量在招标文件已给定，或可根据图纸计算，而综合单价可查询相应定额。由此可见，计算一项工程的费用，其关键是能够准确计算出工程量，并能正确套用相应定额。最后，将每一项费用相加所得之和，即为该项工程的预算费用。

一、景观工程费用特点

景观工程属于艺术范畴，它与一般工业和民用建筑的工程特点不同，工艺要求也不尽相同，而且其项目零星、地点分散、工程量小、工作面大、花样繁多、形式风格各异，同时还会受到气候条件的影响，因而景观产品不可能确定一个统一的价格，必须事先根据设计文件的要求，从经济上对景观工程的费用加以计算。

二、景观工程费用内容

工程量清单计价法是目前我国建筑行业通用的计价方法。

《建设工程工程量清单计价规范》中对工程量清单的格式进行了统一规定，其内容有：工程量清单封面、填表须知、工程量清单总说明、分部分项工程量清单、措施项目清单、其他项目清单和零星工作项目表。工程量清单的编写应由招标人完成，除以上规定的内容以外，招标人可根据具体情况进行补充。

在工程量清单计价模式下，园林工程造价主要由分部分项工程费用、措施项目清单费用、其他项目费用、规费和税金五部分组成，如表8-1所示。

表8-1　　　　工程量清单计价模式下园林工程造价组成表

序号	费用名称		计算公式	备注
一	分部分项工程费用		工程量×综合单价	
	其中	1. 人工费	计价表人工消耗量×人工单价	
		2. 材料费	计价表材料消耗量×材料单价	
		3. 机具使用费	计价表机具消耗量×机具单价	
		4. 企业管理费	1×费率或（1+3）×费率	
		5. 利润	1×费率或（1+3）×费率	
二	措施项目清单费用		分部分项工程费×费率 或综合单价×工程量	
三	其他项目费用			
四	规费			
	其中	1. 工程排污费		按规定计取
		2. 社会保障费	（一+二+三）×费率	
		3. 住房公积金		
五	税金		（一+二+三+四）×费率	按当地规定计取
六	工程造价		一+二+三+四+五	

三、景观工程费用计算案例

[例8-1] 某私家庭院中有一个太湖石堆砌的假山（图8-1），山高2.5m，假山平面轮廓的水平投影外接矩形长7m，宽3m，投影面积为22m²，假山顶有一小块景石，此景石平均长2m，宽1m，高1.5m。假山周围为原有峦树。山上设有山石台阶，台阶平面投影长1.8m，宽0.6m，每个台阶高0.2m，台阶两旁种有小灌木。山石用水泥砂浆砌筑，假山下为灰土基础，3:7灰土厚45mm，素土夯实，试计算：

（1）该私家园林工程量及分项工程费用（相关定额见本章附表）。

（2）该私家园林工程预算费用（已知相关费率为：社会保障费3%，安全文明施工费率1.1%，雨季施工增加费0.2%，工程排污费0.1%，税金3.41%，住房公积金0.5%，已完工程及设备保护费率0.78%）。

（3）如人工和主材采用当地市场价，人工为100元/工日，景石为660元/t，湖石为450元/t，阶岩石为530元/m²。试重新计算该私家园林工程量、分项工程费用及工程预算费用。

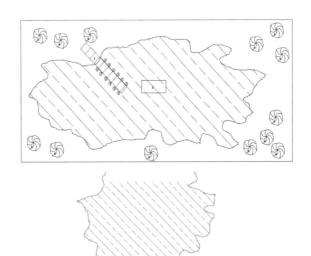

图8-1　某私家庭院假山景观示意图

工程量计算规则：按设计图示尺寸以质量计算。

石料重量：$W=A \cdot H \cdot R \cdot K_n=22 \times 2.5 \times 2.2 \times 0.56=67.76$（t）

③项目编码：050202005　项目名称：点风景石

工程量计算规则：按设计图示以质量计算。

石料重量：$W=A \cdot H \cdot R=2 \times 1 \times 1.5 \times 2.2=6.60$（t）

④项目编码：050202008　项目名称：山坡石台阶

工程量计算规则：按设计图示尺寸以水平投影面积计算。

石台阶水平投影面积：$S=长 \times 宽=1.8 \times 0.6=1.08$（m³）

⑤项目编码：050102004　项目名称：栽植灌木

工程量计算规则：按设计图示数量计算。金钟花——12株

形成表8-2：

【解】

（1）工程量计算

①项目编码：050202002　项目名称：灰土垫层

工程量计算规则：按设计图示尺寸以体积计算。

灰土垫层体积：$V=底面积 \times 高=7 \times 3 \times 0.045=0.95$（m³）

②项目编码：050202002　项目名称：堆砌石假山

表8-2　　　　　　　　　　　　　　　　私家园林工程量计算表

序号	项目编码	项目名称	项目特征描述	计量单位	工程量
1	010308001001	灰土垫层	45mm厚3:7灰土垫层	m³	0.95
2	050202002001	堆砌石假山	太湖石堆砌	t	67.76
3	050202005001	点风景石	平均长2m，宽1m，高1.5m	t	6.60
4	050202008001	山坡石台阶	水泥砂浆砌筑，台阶平面投影长1.8m，宽0.6m，每个台阶高0.2m	m²	1.08
5	050102004001	栽植灌木	金钟花	株	12

（2）套用相应定额分别计算各分项工程预算费用

①45mm厚3:7灰土垫层，套用表8-7，定额编号1-162，综合单价为115.35元/m³;

计算该项工程合价为：$115.35 \times 0.95 = 109.58$（元）

②假山石料高度在3m以内，套用表8-10，定额编号3-462，综合单价为665.82元/t;

计算该项工程合价为：665.82×67.76＝45115.96（元）

③点风景石重量：$W_{单}$=6.60t（5t＜6.60t＜10t），套用表8-11，定额编号3-482，综合单价为846.48元/t；

计算该项工程合价为：846.48×6.60＝5586.77（元）

④山坡石台阶，套用表8-8，定额编号2-160，综合单价为6032.42元/10m²；

计算该项工程合价为：6032.42÷10×1.08＝651.50（元）

⑤栽植灌木，套用表8-9，定额编号3-137，综合单价为6.45元/10株，基肥1.20元，另加金钟花苗木价8.5元/株；

综合单价＝6.45+1.20+8.5×10.2＝94.35（元/10株）（灌木数量包含2%损耗）；

计算该项工程合价为：94.35÷10×12＝113.22（元）

（3）将计算数据填入表8-3：

表8-3　　　　　　　　　　　　私家园林分项工程费用计算表

序号	项目编码	项目名称	定额编号	计量单位	工程量	金额/元		
						综合单价	合价	其中：暂估价
1	050202002001	假山基础垫层	1-162	m³	0.95	115.35	109.58	
2	050202002002	堆砌石假山	3-462	t	67.76	665.82	45115.96	
3	050202005001	点风景石	3-482	t	6.60	846.48	5586.77	
4	050202008001	山坡石台阶	2-160	m²	1.08	603.24	651.50	
5	050102004001	栽植灌木	3-137	株	12	9.435	113.22	
合计							51577.03	

（4）计算定额工程费用，如表8-4所示：

表8-4　　　　　　　　　　　　私家园林工程造价计算表

序号	汇总内容	费率/%	公式	金额/元	其中：暂估价/元
1	分部分项工程			51577.03	
2	措施项目		1×费率	1072.80	
2.1	安全文明施工费	1.1		567.35	
2.2	雨季施工增加费	0.2		103.15	
2.3	已完工程及设备保护费	0.78		402.30	
3	其他项目费				
4	规费		（1+2+3）×费率	1895.39	
4.1	工程排污费	0.1		52.65	
4.3	社会保障费	3		1579.49	
4.4	住房公积金	0.5		263.25	
5	税金	3.41	（1+2+3+4）×费率	1859.99	
投标报价合计＝1+2+3+4+5				56405.21	

第二篇　景观工程预算

（5）如人工和主材采用当地市场价，则各分项综合单价和合价要重新计算：

①45mm厚3：7灰土垫层，套用表8-7，定额编号1-162，综合单价为115.35元/m³，市场价中，人工单价为100元/工日。该项综合单价换算如下：

人工费=0.847×100=84.7（元）

材料费=64.97（元）

机具使用费不变：1.16（元）

管理费=84.7×18%=15.25（元）

利润=84.7×14%=11.86（元）

因此，灰土垫层综合单价=84.7+64.97+1.16+15.25+11.86=177.94（元/m³）

计算该项工程合价为：177.94×0.95＝169.04（元）

②假山石料高度在3m以内，套用表8-10，定额编号3-462，综合单价为665.82元/t，市场价中，人工单价为100元/工日，湖石单价为450元/t。该项综合单价换算如下：

人工费=4.62×100=462（元）

材料费=432.76-300+450=582.76（元）

机具使用费不变：7.42（元）

管理费=462×18%=83.16（元）

利润=462×14%=64.68（元）

因此，堆砌石假山综合单价=462+582.76+7.42+83.16+64.68=1200.02（元/t）

该项工程合价为：1200.02×67.76＝81313.36（元）

③点风景石，套用表8-11，定额编号3-482，综合单价为846.48元/t，市场价中，人工单价为100元/工日，景石单价为660元/t。该项综合单价换算如下：

人工费=7.62×100=762（元）

材料费=462.28-450+660=672.28（元）

机具使用费不变：12.04（元）

管理费=762×18%=137.16（元）

利润=762×14%=106.68（元）

因此，点风景石综合单价=762+672.28+12.04+137.16+106.68=1690.16（元/t）

该项工程合价为：1690.16×6.60＝11155.06（元）

④山坡石台阶，套用表8-8，定额编号2-160，综合单价为6032.42元/10m²，人工为100元/工日，阶岩石为530元/m²。该项综合单价换算如下：

人工费=18.33×100=1833（元）

材料费=4650.06-4590+530×10.2=5466.06（元）

机具使用费不变：63.12（元）

管理费=1833×18%=329.94（元）

利润=1833×14%=256.62（元）

因此，山坡石台阶综合单价=1833+5466.06+63.12+329.94+256.62=7948.74（元/10m²）

计算该项工程合价为：7948.74÷10×1.08＝858.46（元）

⑤栽植灌木，套用表8-9，定额3-137，综合单价为6.45元/10株，调为市场价后，该项综合单价换算如下：

人工费=0.115×100=11.5（元）

材料费=10.2×8.5+1.2+0.82=88.72（元）（灌木数量包含2%损耗）

管理费=11.5×18%=2.07（元）

利润=11.5×14%=1.61（元）

因此，栽植灌木综合单价=11.5+88.72+2.07+1.61=103.90（元/10株）

计算该项工程合价为：103.90÷10×12＝124.68（元）

（6）将计算数据填入表8-5：

表8-5　　　　　私家园林分项工程费用计算表（调价后）

序号	项目编码	项目名称	定额编号	计量单位	工程量	金额/元		
						综合单价	合价	其中：暂估价
1	050202002001	假山基础垫层	1-162	m³	0.95	177.94	169.04	
2	050202002002	堆砌石假山	3-462	t	67.76	1200.02	81313.36	
3	050202005001	点风景石	3-482	t	6.60	1690.16	11155.06	
4	050202008001	山坡石台阶	2-160	m²	1.08	794.87	858.46	
5	050102004001	栽植灌木	3-137	株	12	10.39	124.68	
合　计							93620.60	

（7）计算工程预算费用如表8-6所示：

表8-6　　　　　　　　　　　　私家园林工程造价计算表（调价后）

序号	汇总内容	费率/%	公式	金额/元	其中：暂估价/元
1	分部分项工程			93620.60	
2	措施项目		1×费率	1947.31	
2.1	安全文明施工费	1.1		1029.83	
2.2	雨季施工增加费	0.2		187.24	
2.3	已完工程及设备保护费	0.78		730.24	
3	其他项目费				
4	规费		（1+2+3）×费率	3440.44	
4.1	工程排污费	0.1		95.57	
4.3	社会保障费	3		2867.04	
4.4	住房公积金	0.5		477.84	
5	税金	3.41	（1+2+3+4）×费率	3376.18	
投标报价合计=1+2+3+4+5				102384.53	

附表：《江苏省仿古建筑与园林工程计价表》（2007年版）相关定额项目表（表8-7～表8-11）

表8-7　　　　　　　　　　　　基础垫层　　　　　　　　　　　　计量单位：m³

定额编号					1-162		1-163		1-164		1-165	
项目			单位	单价	灰土				砂		1:1砂石	
					3:7		2:8					
					数量	合价	数量	合价	数量	合价	数量	合价
综合单价			元		115.35		105.33		90.68		108.94	
其中	人工费		元		31.34		31.34		16.28		26.42	
	材料费		元		64.97		54.95		63.65		66.19	
	机械费		元		1.16		1.16		1.16		1.16	
	管理费		元		13.98		13.98		7.50		11.86	
	利润		元		3.90		3.90		2.09		3.31	
综合人工			工日	37.00	0.847	31.34	0.847	31.34	0.44	16.28	0.714	26.42
材料	302077	灰土3:7	m³	63.51	1.01	64.15						
	302076	灰土2:8	m³	53.59			1.01	54.13				
	101020401	砂（黄砂）	t	36.50					1.71	62.42	0.98	35.77
	102010300	碎石（综合）	t	37.00							0.80	29.60
	305010101	水	m³	4.10	0.20	0.82	0.20	0.82	0.30	1.23	0.20	0.82
机械	01068	夯力机（电动）夯击能力20～62N•m	台班	24.16	0.048	1.16	0.048	1.16	0.048	1.16	0.048	1.16

注：①工作内容为拌合、平铺、找平、夯实。②在原土上需要打底夯者应另按本章中的打底夯定额执行。

表8-8　　　　踏步、阶沿石、侧塘石、锁口石、菱角石、地坪石　　　　计量单位：10m²

定额编号			2-160		2-161		2-162	
项目	单位	单价	踏步、阶沿石		侧塘石		锁口石	
			数量	合价	数量	合价	数量	合价
综合单价	元		6032.42		4353.29		5904.77	
其中　人工费	元		824.85		522.00		742.50	
其中　材料费	元		4656.06		2967.49		4656.06	
其中　机械费	元		63.12		372.06		63.12	
其中　管理费	元		381.83		384.45		346.42	
其中　利润	元		106.56		107.29		96.67	
综合人工	工日	45.00	18.33	824.85	11.60	522.00	16.50	742.50
材料　108010801　踏步、阶沿石	m²	450.00	10.20	4590.00				
材料　104040601　侧塘石	m²	280.00			10.20	2856.00		
材料　108010701　锁口石	m²	450.00					10.20	4590.00
材料　302016　干硬性水泥砂浆	m³	167.12	0.303	50.64			0.303	50.64
材料　302002　水泥砂浆M5	m³	125.10			0.204	25.52		
材料　508200301　合金钢切割锯片	片	61.75	0.206	12.72	1.368	84.47	0.206	12.72
材料　其他材料费	元			2.70		1.50		2.70
机械　15024　石料切割机	台班	64.00	0.863	55.23	5.73	366.72	0.863	55.23
机械　06016　灰浆搅拌机 200L	台班	65.18	0.121	7.89	0.082	5.34	0.121	7.89

注：①工作内容为石料零星加工、切割、调、运、铺砂浆，就位、安装、校正、修正缝口、固定。②如用机刹斧，石料成品加1%损耗。

表8-9　　　　　　　　苗木栽植之栽植灌木　　　　　　　　计量单位：10株

定额编号			3-137		3-138		3-139		3-140	
项目	单位	单价	栽植灌木（带土球）							
			土球直径（cm以内）							
			20		30		40		50	
			数量	合价	数量	合价	数量	合价	数量	合价
综合单价	元		6.45		31.08		46.49		111.51	
其中　人工费	元		4.26		22.61		33.67		82.14	
其中　材料费	元		0.82		1.23		2.05		3.08	
其中　机械费	元		—		—		—		—	
其中　管理费	元		0.77		4.07		6.06		14.79	
其中　利润	元		0.60		3.17		4.71		11.50	
综合人工	工日	37.00	0.115	4.26	1.25	46.25	1.67	61.79	2.22	82.14
材料　800000000　苗木	株		(10.20)		(10.20)		(10.20)		(10.50)	
材料　807012401　基肥	kg	15.00	(0.08)	(1.20)	(0.50)	(7.50)	(1.00)	(15.00)	(2.00)	(30.00)
材料　305010101　水	m³	4.10	0.20	0.82	0.30	1.23	0.38	2.05	0.75	3.08

注：工作内容为挖塘栽植、扶正回土、捣实、筑水围浇水、复土保墒、整形、清理。

表8-10　　　　　　　　　　　　　堆砌假山一　　　　　　　　　　　　　计量单位：t

定额编号			3-460		3-461		3-462		3-463	
项目	单位	单价	湖石假山							
			高度（3m以内）							
			1		2		3		4	
			数量	合价	数量	合价	数量	合价	数量	合价
综合单价	元		457.33		502.87		665.82		806.50	
其中 人工费	元		97.68		124.69		170.94		195.36	
材料费	元		323.46		331.96		432.76		539.62	
机械费	元		4.93		6.32		7.42		9.01	
管理费	元		17.58		22.44		30.77		35.16	
利润	元		13.68		17.46		23.93		27.35	
综合人工	工日	37.00	2.64	97.68	3.37	124.69	4.62	170.94	5.28	195.36
材料 104050301 湖石	t	300.00	1.00	300.00	1.00	300.00	1.00	300.00	1.00	300.00
301001 C20混凝土16mm32.5	m³	186.30	0.048	8.94	0.064	11.92	0.064	11.92	0.08	14.90
302014 水泥砂浆1:2.5	m³	207.03	0.032	6.62	0.04	8.28	0.04	8.28	0.04	8.28
104030101 条石	m³	2000.00					0.05	100.00	010	200.00
104010102 块石（二片）	t	31.50	0.165	5.20	0.165	5.20	0.099	3.12	0.099	3.12
501080200 钢管	kg	3.80			0.39	1.48	0.54	2.05	0.78	2.96
402020701 木脚手架	m³	1100.00			0.0018	1.98	0.0025	2.75	0.0035	3.85
305010101 水	m³	4.10	0.17	0.70	0.17	0.70	0.17	0.70	0.25	1.03
木撑费	元							1.04		2.08
其他材料费	元			2.00		2.40		2.90		3.40
机械 06016 灰浆搅拌机 200L	台班	65.18	0.013	0.85	0.016	1.04	0.016	1.04	0.016	1.04
滚筒式混凝土搅拌机（电动）	台班			0.58		0.78		0.78	0.01	0.97
13072 其他机械费	元	97.14	0.006	3.5	0.008	4.50	0.008	5.60		7.00

注：工作内容为放样、选石、运石、调、制、运混凝土（砂浆），堆砌、搭、拆简单脚手架，塞垫嵌缝、清理、养护。
①基础按照《江苏省仿古建筑与园林工程计价表》（2007年版）第一册相应定额项目执行。
②如无条石时，可采用钢筋混凝土代用，数量与条石体积相同。
③如使用铁件，按实增加。
④超3m假山如发生机械吊装，按实计算。

表8-11　　　　　　　　　　　　　堆砌假山二　　　　　　　　　　　　　计量单位：t

定额编号				3-480		3-481		3-482	
项目		单位	单价	布置景山					
				1t以内		5t以内		10t以内	
				数量	合价	数量	合价	数量	合价
综合单价		元		1041.65		929.24		846.48	
其中	人工费		428.09	428.09		343.73		281.94	
	材料费		460.32	460.32		462.08		462.28	
	机械费		16.25	16.25		13.44		12.04	
	管理费		77.06	77.06		61.87		50.75	
	利润		59.93	59.93		48.12		39.47	
综合人工		工日	37.00	11.57	428.09	9.29	343.73	7.62	281.94
材料	1040050302 景湖石	t	450.00	1.00	450.00	1.00	450.00	1.00	450.00
	302014 水泥砂浆1∶2.5	m³	207.03	0.032	6.62	0.04	8.28	0.04	8.28
	其他材料费	元			3.70		3.80		4.00
机械	06016 灰浆搅拌机200L	台班	65.18	0.013	0.85	0.016	1.04	0.016	1.04
	其他机械费	元			15.40		12.40		11.00

注：工作内容为放样、选石、运石、调、制、运混凝土（砂浆），堆砌、搭、拆简单脚手架、塞垫嵌缝、清理、养护。

第八章　景观工程费用计算

课后练习

一、单选题

1. 堆砌1.5t重的黄石假山，需要（　　）工日。
   A. 428.09
   B. 343.73
   C. 11.57
   D. 9.29

2. 园林工程管理费的计算基础是（　　）。
   A. 人工费+材料费
   B. 人工费
   C. 人工费+材料费+机具使用费
   D. 人工费+机具使用费

3. 堆砌3.5m高太湖石假山，当地人工单价为180元/工日，则其管理费为（　　）。
   A. 149.69元
   B. 116.42元
   C. 171.07元
   D. 133.06元

4. 园林工程平整场地管理费的计算基础是（　　）。
   A. 人工费+材料费
   B. 人工费
   C. 人工费+材料费+机具使用费
   D. 人工费+机具使用费

5. 工程量清单通常由（　　）编写完成。
   A. 招标人
   B. 投标人
   C. 评标人
   D. 第三方

6. 某厂区绿化栽植香樟行道树46棵，利润为356.45元，当地人工为180元/工日，人工费是（　　）。
   A. 1980.28元
   B. 2546.08元
   C. 2325.08元
   D. 2677.52元

7. 工程排污费属于（　　）。
   A. 税金
   B. 措施费
   C. 规费
   D. 企业管理费

8. 栽植带直径36cm土球的灌木红叶石楠30株，苗木单价4.2元/株，当地人工单价为160元/工日，则该分项工程费用为（　　）。
   A. 396.75元
   B. 1190.26元
   C. 959.91元
   D. 532.67元

9. 下列不属于规费的是（　　）。
   A. 安全文明施工费
   B. 社会保障费
   C. 工程排污费
   D. 住房公积金

10. 某校园绿化栽植桂花树35棵，措施费为235.62元，措施费费率为2.1%，则综合单价为（　　）。
    A. 1122.00元/10株
    B. 1413.72元/10株
    C. 2386.68元/10株
    D. 3205.71元/10株

二、多选题

1. 园林工程临时设施费用内容包括（　　）等费用。
   A. 临时设施的搭设
   B. 照明设施的搭设
   C. 临时设施的维修
   D. 临时设施的拆除
   E. 摊销

2. 园林工程综合单价里包括（　　）。
   A. 管理费
   B. 利润
   C. 施工机具使用费
   D. 税金
   E. 危险作业意外伤害保险费

3. 园林工程企业管理费不因（　　）的变化而变化。
   A. 人工费
   B. 材料费
   C. 税金
   D. 措施费
   E. 机具使用费

4. 措施费是指为完成工程项目施工，发生于该工程施工前和施工过程中非工程实体项目的费用，以下费用属于措施费的有（　　）。
   A. 临时设施费
   B. 二次搬运费
   C. 工具用具使用费
   D. 文明施工费
   E. 财产保险费

5. 园林工程税金的计算基础包括（　　）。
   A. 规费
   B. 措施项目费
   C. 其他项目费
   D. 分部分项工程费
   E. 工程造价

三、计算题

1. 列表计算所在校园某处绿化景观的工程量及工程预算费用。

2. 一矩形景观水池，面积600m²，周长100m，池深挖至1.5m，20cm厚混凝土铺底，50cm宽黄石筑驳岸，且驳岸高出地面30cm，用外径20cm的预制水泥管做溢水，长共10m，埋深50cm。

（1）绘制该水池节点大样图。

（2）列出该水池工程量清单计算表。

（3）查阅定额列表，计算该水池工程造价（已知相关费率为：社会保障费3%，安全文明施工费率1.1%，雨季施工增加费0.2%，工程排污费0.1%，税金3.41%，住房公积金0.5%，已完工程及设备保护费率0.78%）。

（4）根据当地人工、材料和机械台班市场价格列表计算该水池工程造价。

四、讨论题

如果上一题计算错误，会造成哪些后果？如何避免出现计算错误？

第九章 景观工程量清单报价

与建设工程量清单一样，景观工程量清单报价就是以给定的工程量明细单为依据进行工程报价。

一、计价软件应用

在现代工程造价领域，通过计价软件进行工程量清单编制、招标控制价编制、投标计价文件编制及造价管理等是必然的发展趋势，甚至工程量的计算也可以应用软件完成。但是，对于初学预算的人来说，学习手工计算依然是必要的选择。因为，手算有助于初学者对整个计价项目做到心中有数，促使初学者对图纸和定额进行细致理解，同时还能积累一些计算经验，增长计算实力，奠定坚实的预算基础。

不过，预算软件以其预算误差小、预算费时少等明显优势被广为应用。现在，工程造价领域应用较多的有广联达预算软件和神机妙算预算软件等，不管是何种预算软件，它们的基本功能和操作方法都相差不大。但是，预算软件的运行是以插入相对应的加密锁为前提的。下面以广联达计价软件为例，详细讲解计价软件的应用情况。

GBQ4.0是广联达推出的集计价、招标管理、投标管理于一体的计价软件，旨在帮助工程造价人员解决电子招投标环境下的工程计价、招投标业务问题，使计价更高效、招标更便捷、投标更安全。

1. 软件构成及应用流程

GBQ4.0包含三大模块：招标管理模块、清单计价模块、投标管理模块。招标管理和投标管理模块是从整个项目的角度进行招投标工程造价管理。清单计价模块用于编辑单位工程的工程量清单或投标报价。在招标管理和投标管理模块中可以直接进入清单计价模块，软件使用流程见图9-1。

2. 软件操作

对于招标方和投标方来说，此软件在应用上有一定的区别。

1）招标方的工作内容及程序

（1）新建招标项目。包括新建招标项目工程，建立项目结构。

（2）编制单位工程分部分项工程量清单。包括输入清单项，输入清单工程量，编辑清单名称，项目特征等的分部整理。

（3）编制措施项目清单。

（4）编制其他项目清单。

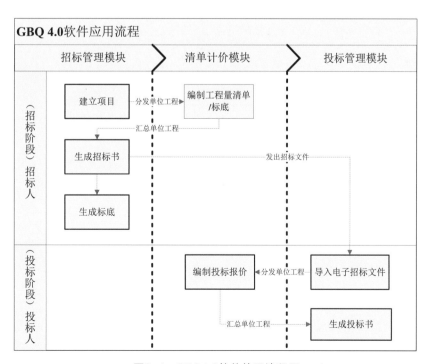

图9-1 GBQ4.0软件使用流程图

（5）编制甲供材料、设备表。

（6）查看工程量清单报表。

（7）生成电子标书。包括招标书自检，生成电子招标书，打印报表，刻录及导出电子标书。

2）投标方的工作及程序

（1）新建投标项目，导入电子招标书。

（2）编制单位工程分部分项工程量清单计价。包括套定额子目、输入子目工程量、子目换算、设置单价构成。

（3）编制措施项目清单计价。包括计算公式组价、定额组价、实物量组价三种方式。

（4）编制其他项目清单计价。

（5）人材机汇总。包括调整人材机价格，设置甲供材料、设备。

（6）查看单位工程费用汇总。包括调整计价程序，工程造价调整。

（7）查看报表。

（8）汇总项目总价。包括查看项目总价，调整项目总价。

（9）生成电子标书。包括符合性检查、投标书自检、生成电子投标书、打印报表、刻录及导出电子标书。

3. 投标方编制清单报价操作实例

1）新建投标项目

在工程文件管理界面，单击【新建项目】→【新建投标项目】，如图9-2所示。

在新建标段工程界面，单击【浏览】，在桌面找到电子招标书文件，单击【打开】，软件会导入电子招标文件中的项目信息，如图9-3所示。

单击下方【确定】，软件进入投标管理主界面，可以看到项目结构被完整导入进来，如图9-4所示。

提示：除项目信息、项目结构外，软件还导入了所有单位工程的工程量清单内容。

图9-2 工程文件管理界面

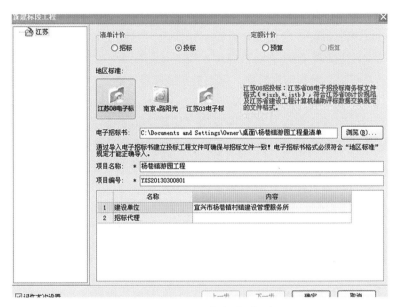

图9-3 导入电子招标书对话框

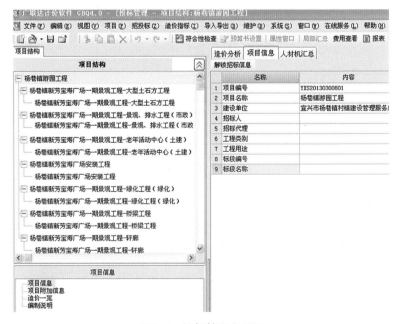

图9-4 投标管理主界面

2）进入单位工程主界面

选择绿化工程，单击【进入编辑窗口】，在新建单位工程界面选择清单库、定额库及专业，并输入如图9-5所示内容。

单击【确定】后，软件会进入单位工程编辑主界面，能看到已经导入的工程量清单，如图9-6所示。

3）套定额组价

在园林工程中，套定额组价通常采用的方式有以下四种。

（1）直接输入　选择栽植乔木清单，单击【插入】→【插入子目】，如图9-7所示。

在空行的编码列输入3-140后单击【回车】，软件将定额内容全部导入，且自动生成合价，如图9-8所示。

提示：输入完子目编码后，单击回车光标会跳格到工程量列，再次单击【回车】软件会在子目下插入另一个子目空行，光标自动跳格到空行的编码列，这样能通过回车键快速切换。

（2）查询输入　选中050102001001栽植乔木清单，单击【查询定额库】，选择第三册园林工程，绿化种植章节，选中3-140子目，单击【选择子目】即可，如图9-9所示。

也可以双击所选定额或点中所选定额，单击右上角的【插入】，结果一样。

（3）换算

a. 系数换算：如果是装饰清单，水泥砂浆楼地面清单下的"12-15"子目，单击子目编码列，使其处于编辑状态，在子目编码后面输入"12-15×1.5"，如图9-10所示。

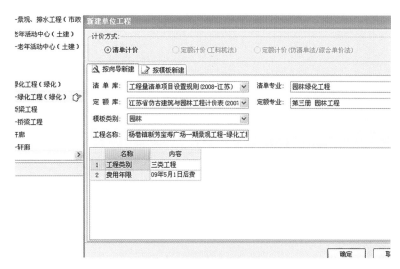

图9-5　单位工程主界面

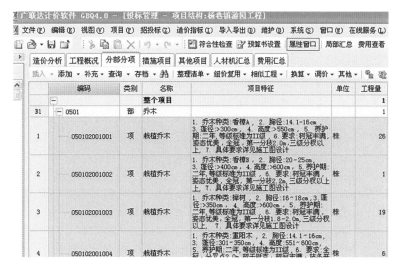

图9-6　工程量清单界面

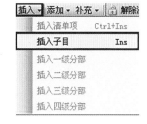

图9-7　插入子目对话框

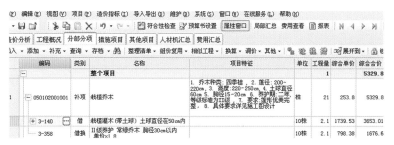

图9-8　定额导入后界面

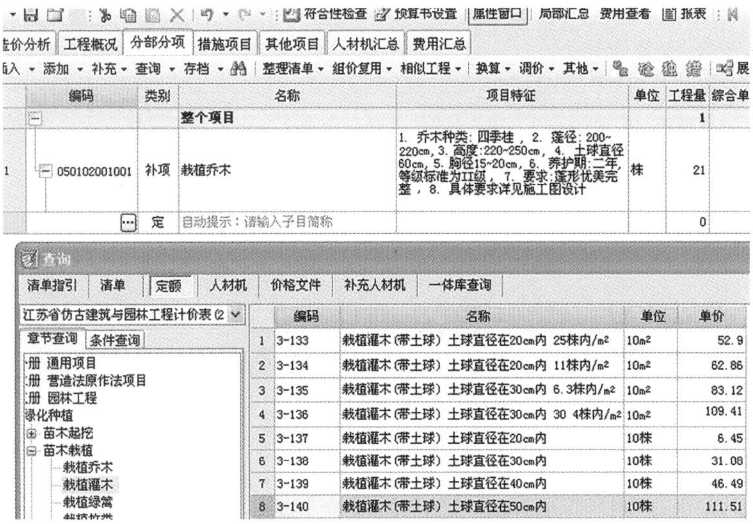

图9-9 查询定额对话框

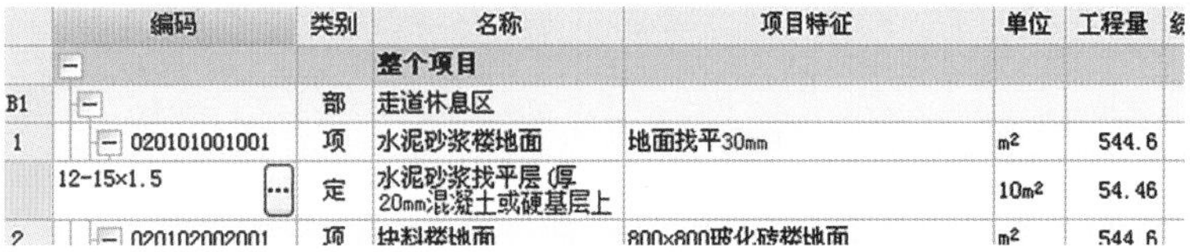

图9-10 定额系数换算对话框

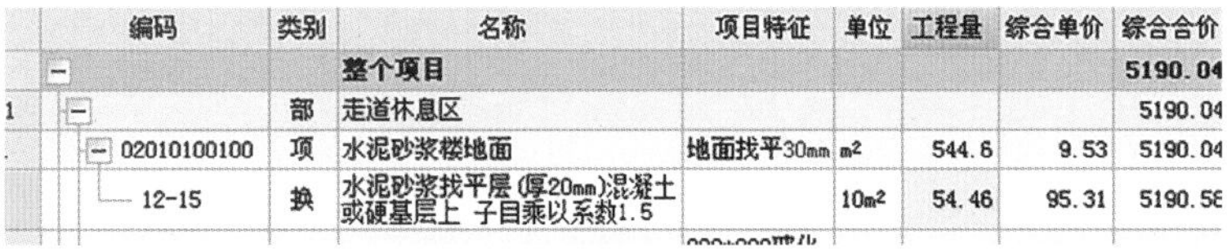

图9-11 定额换算后界面

图9-12 定额标准换算对话框

软件就会把这条子目的单价乘以1.5的系数，如图9-11所示。

b. 标准换算：选中水泥砂浆楼地面清单下的"12-15"子目，在下半部分功能区单击【标准换算】，在下方窗口的标准换算界面选择水泥砂浆的实际厚度，如图9-12所示。

提示：标准换算可以处理的换算内容包括定额书中的章节说明、附注信息，混凝土、砂浆标号换算，运距、板厚换算。在实际工作中，大部分换算都可以通过标准换算来完成。

（4）补充子目 如果上述几种方法都没有合适的定额项对清单进行报价，则可选择补充子目。选中栽植乔木清单，单击【补充】→【补充子目】，如图9-13所示。

在弹出的对话框中输入编码、专业章节、名称、单位、工程量和人工、材料、机械等信息。单击【确定】，即可补充子目，如图9-14所示。

提示：补充清单项不套定额，直接给出综合单价。

图9-13 补充子目对话框

4）措施项目组价

措施项目的计价方式包括三种，分别为计算公式计价方式、定额计价方式、实物量计价方式，这三种方式可以互相转换。一般为实物量计价方式或计算公式计价方式，且软件将其设置为缺省值。

单击左侧"措施项目"菜单，如图9-15所示。

软件已将该项工程的取费费率载入，采用计算公式计价方式，只需要给所取费项目选择合适的计价基数即可，如图9-16所示。

用同样的方式可以设定其他措施费的计算基数，软件自动汇总所有措施项目费用并列入总费用。

5）其他项目清单

投标人部分没有发生费用，则如图9-17所示。

如果有发生的费用，直接在投标人部分输入相应金额即可。

6）人材机（人工、材料、机械）汇总

（1）载入造价信息 在人材机汇总界面，选择材料表，单击【载入造价信息】，如图9-18所示。

在"载入造价信息"界面，单击信息价右侧下拉选项，选择"江苏省无锡2012年2月份信息"，单击【确定】，软件会按照信息价文件的价格修改材料市场价，如图9-19所示。

（2）直接修改材料价格

直接修改圆木的市场价格为1500元/m³，如图9-20所示。

图9-14　补充子目编辑框

图9-15　措施项目费计算界面

图9-16　措施项目费计算对话框

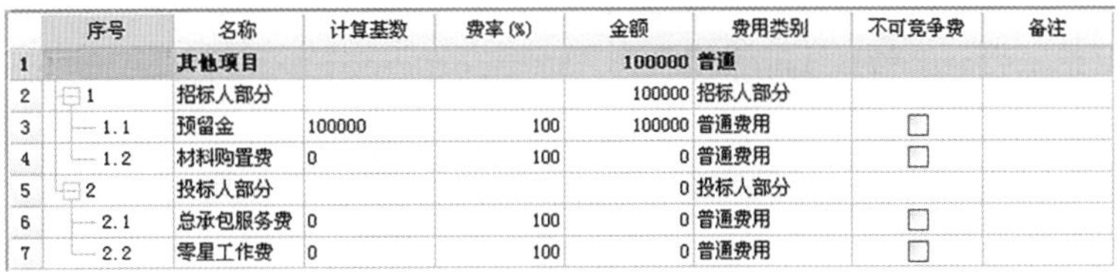

图9-17　其他项目费计算界面

图9-18　载入造价信息界面

7）设置甲供材

设置甲供材料有两种方式：逐条设置或批量设置。

（1）逐条设置 选中水泥材料，单击供货方式单元格，在下拉选项中选择"完全甲供"，如图9-21所示。

（2）批量设置 通过拉选的方式选择多条材料，如图9-22所示。

单击【供货方式】下的【批量修改】，在弹出的界面中单击"设置值"下拉选项，选择为"完全甲供"，单击【确定】退出，如图9-23所示。

单击【确定】，其设置结果如图9-24所示。

单击导航栏【甲方材料】，选择【甲供材料表】，查看设置结果，如图9-25所示。

8）费用汇总

单击【费用汇总】，软件已经自动进行了项目总价汇总，如图9-26所示。

9）生成电子招标书

（1）浏览报表 在导航栏单击【报表】，软件会进入报表界面，选择报表类别为"投标方"，如图9-27所示。

选择"分部分项工程量清单与计价表"，如图9-28所示。

（2）保存、退出 通过以上操作就完成了绿化工程的计价工作，单击🖫，然后单击✕，回到投标管理主界面。也可以单击菜单条上方的"批量导出到Excel"，以电子表格形式保存。

综上所述，工程量清单报价的流程大致为：导入电子招标书—分部分项工

图9-19 造价信息界面

图9-20 修改材料市场价界面

	编码	类别	名称	规格型号	单位	数量	预算价	市场价	价差	供货方式
1	02001	材	水泥	综合	kg	3119118.72	0.366	0.34	-0.026	完全甲供

图9-21 设置材料信息界面

	编码	类别	名称	规格型号	单位	数量	预算价	市场价	价差	供货方式
1	02001	材	水泥	综合	kg	3119118.72	0.366	0.34	-0.026	完全甲供
2	04001	材	红机砖		块	1053.8388	0.177	0.23	0.053	自行采购
3	04023	材	石灰		kg	34444.61	0.097	0.14	0.043	自行采购
4	04025	材	砂子		kg	5388347.05	0.036	0.049	0.013	自行采购

图9-22 多条设置材料信息界面

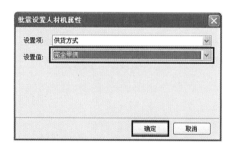

图9-23 修改材料信息对话框

	编码	类别	名称	规格型号	单位	数量	预算价	市场价	价差	供货方式
1	02001	材	水泥	综合	kg	3119118.72	0.366	0.34	-0.026	完全甲供
2	04001	材	红机砖		块	1053.8388	0.177	0.23	0.053	自行采购
3	04023	材	石灰		kg	34444.61	0.097	0.14	0.043	自行采购
4	04025	材	砂子		kg	5388347.05	0.036	0.049	0.013	完全甲供
5	04026	材	石子	综合	kg	8974999.42	0.032	0.042	0.01	完全甲供
6	04037	材	陶粒混凝土空心		m³	1579.3219	120	145	25	自行采购
7	04048	材	白灰		kg	28418.37	0.097	0.14	0.043	自行采购

图9-24 修改好的材料信息界面

图9-25 甲供材料设置结果界面

分析	工程概况	分部分项	措施项目	其他项目	人材机汇总	费用汇总

保存为模板　载入模板　　　　费用汇总文件：仿古工程模板_08清单

序号	费用代号	名称	计算基数	基数说明	费率(%)	金额
1	F1	分部分项工程	FBFXHJ	分部分项合计		130,340.86
2	F2	措施项目	CSXMHJ	措施项目合计		4,101.61
2.1	F3	安全文明施工费	AQWMSGF	安全及文明施工措施费		3,649.54
3	F4	其他项目	QTXMHJ	其他项目合计		0.00
3.1	F5	暂列金额	暂列金额	暂列金额		0.00
3.2	F6	专业工程暂估价	专业工程暂估价	专业工程暂估价		0.00
3.3	F7	计日工	计日工	计日工		0.00
3.4	F8	总承包服务费	总承包服务费	总承包服务费		0.00
4	F9	规费	F10+F11+F12+F13	工程排污费+建筑安全监督管理费+社会保障费+住房公积金		4,839.92
4.1	F10	工程排污费	F1+F2+F4	分部分项工程+措施项目+其他项目	0.1	134.44
4.2	F11	建筑安全监督管理费	F1+F2+F4	分部分项工程+措施项目+其他项目	0	0.00
4.3	F12	社会保障费	F1+F2+F4	分部分项工程+措施项目+其他项目	3	4,033.27
4.4	F13	住房公积金	F1+F2+F4	分部分项工程+措施项目+其他项目	0.5	672.21
5	F14	税金	F1+F2+F4+F9	分部分项工程+措施项目+其他项目+规费	3.48	4,847.03
6	F15	工程造价	F1+F2+F4+F9+F14	分部分项工程+措施项目+其他项目+规费+税金		144,129.42

图9-26　工程造价汇总界面

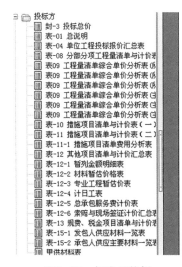

图9-27　报表导航栏

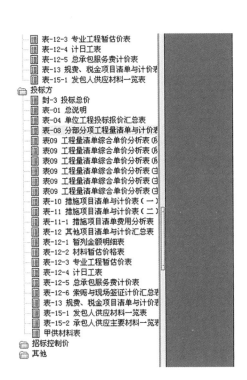

分部分项工程量清单与计价表

工程名称：预算书1　　　　　　　标段：　　　　　　　　　第 1

序号	项目编码	项目名称	项目特征描述	计量单位	工程量	金　额（元）	
						综合单价	合价
	绿化工程						58972.
1	050102001001	栽植乔木	1. 乔木种类：四季桂，2. 蓬径：200~220cm，3. 高度：220~250cm，4. 土球直径60cm 5. 胸径15~20cm 6. 养护期：二年，等级标准为II级，7. 要求：蓬形优美完整，8. 具体要求详见施工图设计	株	21	253.80	5329
2	050102001003	栽植乔木	1. 乔木种类：碧桃，2. 胸径：D6~8cm，3. 蓬径：≥220cm，4. 高度：≥250cm，裸根 5. 养护期：二年，等级标准为II级，6. 要求：蓬形完整，分叉点<0.60m之间，蓬下高<1.3m，7. 具体要求详见施工图设计	株	17	229.47	3900.
3	050102007002	栽植色带	1. 苗木种类：红叶石楠，2. 蓬径：25~30cm，3. 高：30~40cm，4. 养护期：二年，等级标准为II级，5. 要求：36株/m²枝条茂盛，6. 具体要求详见施工图设计	m²	358	74.15	26545
4	050102004002	栽植灌木	1. 灌木种类：瓜子黄杨球，2. 蓬径：100~120cm，3. 高度：100cm，4. 养护期：二年，等级标准为II级，5. 要求：蓬形优美完整，不偏冠、不脱脚，6.	株	27	316.33	8540.

图9-28　自动生成的报价表

程量清单组价—措施项目清单组价—其他项目清单组价—人材机汇总—甲方材料—查看单位工程费用汇总—查看报表—汇总项目总价—生成电子标书。其中，只有步骤2——分部分项工程量清单组价需要进行详细的定额套用及清单组价，其余都会由软件自动生成，或输入一定数据后由软件自动完成。

二、工程量清单计价案例

[例9-1] 根据图9-29给定的"××镇游园景观工程图"和工程量清单进行投标报价，已知工程量清单见表9-1。

编码	绿化名称	单位	数量
1	草皮（百慕大）	m²	1067
2	红叶石楠	m²	358
3	重阳木	株	6
4	日本晚樱	株	7
5	垂柳	株	6
6	毛鹃球	株	55
7	瓜子黄杨球	株	27
8	四季桂	株	21
9	碧桃	株	17
10	剑兰	株	14
11	榉树	株	11
12	广玉兰	株	11
13	紫薇	株	8
14	红枫	株	4
15	银杏（嫁接）	株	10
16	山茶	株	19
17	红花继木球	株	6
18	时令花卉	m²	76

注：

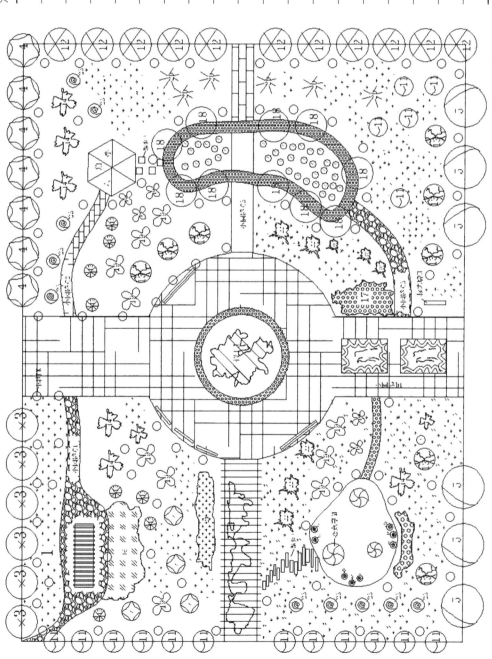

图9-29　××镇游园景观工程图

表9-1　　　　　　　　　分部分项工程量清单

工程项目：××镇游园景观工程

序号	项目编码	项目名称	项目特征描述	计量单位	工程数量
一	0501	乔木			
1	050102001001	栽植乔木	1．乔木种类：四季桂；2．蓬径：200～220cm；3．高度：220～250cm；4．土球直径60cm；5．胸径15～20cm；6．养护期：二年，等级标准为Ⅱ级；7．要求：蓬形优美完整；8．具体要求详见施工图设计	株	21
2	050102001002	栽植乔木	1．乔木种类：碧桃；2．胸径：D6～8cm；3．蓬径：＞220cm；4．高度：＞250cm，裸根；5．养护期：二年，等级标准为Ⅱ级；6．要求：蓬形完整，分叉点＜0.60m之间，蓬下高＜1.3m；7．具体要求详见施工图设计	株	17
二	0501	灌木			
1	050102004001	栽植灌木	1．灌木种类：瓜子黄杨球；2．蓬径：100～120cm；3．高度：100cm，裸根；4．养护期：二年，等级标准为Ⅱ级；5．要求：蓬形优美完整，不偏冠，不脱脚；6．具体要求详见施工图设计	株	27
2	050102004002	栽植灌木	1．灌木种类：山茶；2．蓬径：150cm；3．高度：180cm裸根；4．养护期：二年，等级标准为Ⅱ级；5．要求：重瓣红花，冠形饱满，枝叶紧凑；6．具体要求详见施工图设计	株	19
三	0501	地被草坪			
1	050102010001	铺种草皮	1．草皮种类：百慕大；2．要求：空白处绿地满铺，秋季追播黑麦草，黑麦草用量为12～15g/m²；3．养护期：二年，等级标准为Ⅱ级；4．具体要求详见施工图设计	m²	1067
四		色带			
1	050102007001	栽植色带	1．苗木种类：红叶石楠；2．蓬径：25～30cm；3．高度：30～40cm；4．养护期：二年，等级标准为Ⅱ级；5．要求：36株/m²，枝条茂盛；6．具体要求详见施工图设计	m²	358
五	0502				
1	050201001001	园路	700mm混凝土栽小卵石，40mm厚混合砂浆，200mm厚碎砖	m²	95
2	050202003001	塑假山	人工塑假山，钢骨架，山高5m，假山地基为800mm厚混凝土基础	m²	13
3	050202004001	石笋	高1.5m	支	1
4	050202005001	点风景石	平均长1.3m，宽0.7m，高0.9m	块	2
六	0503				
1	050303002001	现浇混凝土花架基础	厚60mm混凝土基础	m²	13.95
2	050303002002	现浇混凝土花架柱	花架柱截面为150mm×150mm，柱高2.5m，共12根	m³	0.68
3	050303002003	现浇混凝土花架梁	花架纵梁的截面为160mm×80mm，梁长9.3m，共2根	m³	0.24
4	050303002004	现浇混凝土花架梁	花架檩条截面为120mm×50mm，檩条长2.5m，共15根	m³	0.23
七	0504				
1	050304008001	塑树头椅	椅子高0.35m，直径为0.4m	个	12
八		六角亭			

序号	项目编码	项目名称	项目特征描述	计量单位	工程数量
1	010101003002	挖基础土方	1. 土壤类别：现场土；2.基础类型：条形；3.挖土深度：详见施工图设计；4.弃土运距：自行考虑	m³	21.56
2	010401006002	现浇垫层	垫层材料种类、厚度：素土夯实，100mm厚C10商品混凝土	m³	2.156
3	010503001003	木柱	1. 构件高度、长度：童柱直径15cm；2.木材种类：水杉；3.防护材料种类：干燥，做防白蚁、防火、防腐处理（用CAA防腐剂涂刷一遍）；4.油漆品种、刷漆遍数：底油一遍，栗壳色调和漆三遍；5.具体做法详见施工图设计	m³	0.528

【解】

根据图纸、工程量清单等招标文件相关内容，通过计价软件进行该工程量清单投标报价，《建设工程工程量清单计价规范》中比较重要的表格有：表-04单位工程投标报价汇总表；表-08 分部分项工程量清单与计价表；表-09工程量清单综合单价分析表；表-10 措施项目清单与计价表（一）；表-13规费、税金项目清单与计价表和表-15-2 承包人供应主要材料一览表等。招投标文件中的部分报表如下。

表-04　　　　　　　　　　　　单位工程投标报价汇总表

工程名称：××镇游园景观工程　　　　　　标段：　　　　　　　　第 1 页　共 1 页

序号	汇总内容	金额/元	其中：暂估价/元
1	分部分项工程	130339.58	
1.1	绿化工程	58972.55	
1.2	园路园桥假山工程	58241.54	
1.3	园林景观工程	13125.49	
2	措施项目	4101.05	
2.1	安全文明施工费	3649.51	
3	其他项目		
3.1	暂列金额		
3.2	专业工程暂估价		
3.3	计日工		
3.4	总承包服务费		
4	规费	4839.86	
4.1	工程排污费	134.44	
4.2	社会保障费	4033.22	
4.3	住房公积金	672.20	
5	税金	4846.96	
	投标报价合计=1+2+3+4+5	144127.45	

注：本表适用于单位工程招标控制价或投标报价的汇总，如无单位工程划分，单项工程也使用本表汇总。

表-10　　　　　　　　措施项目清单与计价表（一）

工程名称：××镇游园景观工程　　　　　　　　标段：　　　　　　　　第 1 页　共 1 页

序号	项目名称	计算基础	费率/%	金额/元
	通用措施项目			
1	现场安全文明施工			3649.51
1.1	基本费	FBFXHJ	1.5	1955.09
1.2	考评费	FBFXHJ	0.8	1042.72
1.3	奖励费	FBFXHJ	0.5	651.70
2	夜间施工	FBFXHJ	0	
3	冬雨季施工	FBFXHJ	0	
4	已完工程及设备保护	FBFXHJ	0	
5	赶工措施	FBFXHJ	0	
6	工程按质论价	FBFXHJ	0	
	专业工程措施项目			
	合计			3649.51

注：本表适用于以"费率"计价的措施项目。

表-08　　　　　　　　分部分项工程量清单与计价表

工程名称：××镇游园景观绿化工程　　　　　　　　标段：　　　　　　　　第 1 页　共 2 页

序号	项目编码	项目名称	项目特征描述	计量单位	工程量	综合单价	合价	其中：暂估价
一		绿化工程					58972.55	
1	050102001001	栽植乔木	1.乔木种类：四季桂；2.蓬径：200～220cm；3.高度：220～250cm；4.土球直径60cm；5.胸径15～20cm；6.养护期：二年，等级标准为Ⅱ级；7.要求：蓬形优美完整；8.具体要求详见施工图设计	株	21	253.8	5329.8	
2	050102001003	栽植乔木	1.乔木种类：碧桃；2.胸径：6～8cm；3.蓬径：＞220cm；4.高度：＞250cm，裸根；5.养护期：二年，等级标准为Ⅱ级；6.要求：蓬形完整，分叉点＜0.60m之间，蓬下高＜1.3m；7.具体要求详见施工图设计	株	17	229.47	3900.99	
3	050102007002	栽植色带	1.苗木种类：红叶石楠；2.蓬径：25～30cm；3.高度：30～40cm；4.养护期：二年，等级标准为Ⅱ级；5.要求：36株/m²，枝条茂盛；6.具体要求详见施工图设计	m²	358	74.15	26545.7	
4	050102004002	栽植灌木	1.灌木种类：瓜子黄杨球；2.蓬径：100～120cm；3.高度：100cm；4.养护期：二年，等级标准为Ⅱ级；5.要求：蓬形优美完整，不偏冠，不脱脚；6.具体要求详见施工图设计	株	27	316.33	8540.91	
5	050102004003	栽植灌木	1.灌木种类：山茶；2.蓬径：150cm；3.高度：180cm；4.养护期：二年，等级标准为Ⅱ级；5.要求：重瓣红花，冠形饱满，枝叶紧凑；6.具体要求详见施工图设计	株	19	176.05	3344.95	
6	050102010002	铺种草皮	1.草皮种类：百慕大；2.要求：空白处绿地满铺，秋季追播黑麦草，黑麦草用量为12～15g/m²；3.养护期：二年，等级标准为Ⅱ级；4.具体要求详见施工图设计	m²	1067	10.6	11310.2	
			本页小计				58972.55	

表-08　　　　　　　　　　　　　分部分项工程量清单与计价表

工程名称：××镇游园景观工程　　　　　　　标段：　　　　　　　　　　第 2 页　共 2 页

序号	项目编码	项目名称	项目特征描述	计量单位	工程量	金额/元		其中：暂估价
						综合单价	合价	
二		园路园桥假山工程					58241.54	
7	050201001001	园路	700mm混凝土栽小卵石，40mm厚混合砂浆，200mm厚碎砖	m²	95	470.82	44727.9	
8	050202003001	塑假山	人工塑假山，钢骨架，山高5m，假山地基为800mm厚混凝土基础	m²	13	499.61	6494.93	
9	050202004001	石笋	高1.5m	支	1	422.21	422.21	
10	050202005001	点风景石	平均长1.3m，宽0.7m，高0.9m	块	2	3298.25	6596.5	
三		园林景观工程					13125.49	
11	050303002001	预制混凝土花架柱、梁	厚60mm混凝土基础	m³	13.95	513.96	7169.74	
12	050303002002	预制混凝土花架柱、梁	花架柱截面为150mm×150mm，柱高2.5m，共12根	m³	0.68	298.49	202.97	
13	050303002003	预制混凝土花架柱、梁	花架纵梁的截面为160mm×80mm，梁长9.3m，共2根	m³	0.24	295.49	70.92	
14	050303002004	预制混凝土花架柱、梁	花架檩条截面为120mm×50mm，檩条长2.5m，共15根	m³	0.23	295.51	67.97	
15	050304008001	塑树头椅	椅子高0.35m，直径为0.4m	个	12	140.34	1684.08	
16	010101003002	六角亭挖基础土方	1. 土壤类别：现场土；2.基础类型：条形；3.挖土深度：详见施工图设计；4.弃土运距：自行考虑	m³	21.56	10.04	216.46	
17	010401006002	六角亭垫层	垫层材料种类、厚度：素土夯实，100mm厚C10商品混凝土	m³	2.16	272.87	589.4	
18	010503001003	六角亭木柱	1. 构件高度、长度：童柱直径15cm；2.木材种类：水杉；3.防护材料种类：干燥，做防白蚁、防火、防腐处理（用CAA防腐剂涂刷一遍）；4.油漆品种、刷漆遍数：底油一遍，栗壳色调和漆三遍；5.具体做法详见施工图设计	m³	0.53	5894.24	3123.95	
			本页小计				71367.03	
			合　　　计				71367.03	

第二篇　景观工程预算

表-09

工程量清单综合单价分析表

工程名称：××镇游园景观工程　　　　　　　　　　　　标段：

项目编码	050102001001	项目名称	栽植乔木	计量单位	株

清单综合单价组成明细

定额编号	定额名称	定额单位	数量	单价					合价				
				人工费	材料费	机具费	管理费	利润	人工费	材料费	机具费	管理费	利润
3-140	栽植灌木（带土球）土球直径在50cm内	10株	0.1	222	3.75		82.14	26.64	22.2	0.38		8.21	2.66
3-358	Ⅱ级养护 常绿乔木 胸径30cm以内单价×1.8	10株	0.1	303.47	164.7	121.82	157.36	51.03	30.35	16.47	12.18	15.74	5.1
综合人工工日	0.5255工日			小计					52.55	16.85	12.18	23.95	7.76
				未计价材料费					140.5				
				清单项目综合单价					253.8				

材料费明细

主要材料名称、规格、型号	单位	数量	单价/元	合价/元	暂估单价/元	暂估合价/元
水	m³	0.489	5	2.45		
肥料	kg	2.7	4	10.8		
药剂	kg	0.09	40	3.6		
基肥	kg	0.2	20	4		
苗木（四季桂）	株	1.05	130	136.5		
其他材料费						
材料费小计				157.35		

081

第九章　景观工程量清单报价

表-13　　　　　　　　　　　　　　　　　规费、税金项目清单与计价表

工程名称：××镇游园景观工程　　　　　　　　　标段：　　　　　　　　　　第 1 页 共 1 页

序号	项目名称	计算基础	费率/%	金额/元
1	规费	工程排污费+社会保障费+住房公积金		4839.86
1.1	工程排污费	分部分项工程+措施项目+其他项目	0.1	134.44
1.2	社会保障费	分部分项工程+措施项目+其他项目	3	4033.22
1.3	住房公积金	分部分项工程+措施项目+其他项目	0.5	672.20
2	税金	分部分项工程+措施项目+其他项目+规费	3.48	4846.96
合计				9686.82

表-15-2　　　　　　　　　　　　　　　　承包人供应主要材料一览表

工程名称：××镇游园景观工程　　　　　　　　　标段：　　　　　　　　　　第 1 页 共 1 页

序号	材料编码	材料名称	规格型号等要求	单位	数量	单价/元	合价/元
1	CLFTZ	材料费调整		元	-0.30	1.00	-0.30
2	305010101	水		m³	208.88	5.00	1044.42
3	807012901	肥料		kg	213.57	4.00	854.28
4	807013001	药剂		kg	14.03	40.00	561.17
5	101020201	中砂		t	86.18	36.50	3145.49
6	102010304	碎石	5～40mm	t	134.97	36.50	4926.54
7	301010102	水泥	32.5 级	kg	30847.93	0.30	9254.38
8	104010401	本色卵石		t	8.27	170.00	1405.05
9	102020102	彩色卵石		t	2.09	151.00	315.59
10	501110701	镀锌钢丝网	10号网眼 50×50	m²	13.98	11.26	157.36
11	507030101	电焊条		kg	1.70	4.80	8.17
12	501040000	钢筋	（综合）	t	0.09	3800.00	326.04
13	605120102	塑料薄膜		m²	33.55	0.86	28.85
14	104050801	石笋	2m以内	块	1.00	110.00	110.00
15	104050301	湖石		t	0.20	360.00	72.00
16	102010301	碎石	5～16mm	t	0.04	31.50	1.23
17	104050302	景湖石		t	3.60	570.00	2052.00
18	800000000@2	苗木（碧桃）		株	17.85	148.00	2641.80
19	800000000@4	苗木（瓜子黄杨球）		株	29.70	55.00	1633.50
20	800000000@5	苗木（山茶）		株	19.95	93.00	1855.35
21	806041001@1	草皮（百慕大）		m²	326.50	6.00	1959.01
22	800000001@1	苗木（红叶石楠）		m²	365.16	45.00	16432.20
23	800000000@7	苗木（四季桂）		株	22.05	130.00	2866.50
24	Z104050401@1	黄石		t	0.2	190	38

注：①此表由投标人填写。②此表中不包括由承包人提供的暂估价格材料。

课后练习

一、单选题

1. 承包人供应材料一览表不包括（　　）。
   A. 材料数量　　　　　B. 材料质量
   C. 材料规格　　　　　D. 材料单位

2. 项目编码采用（　　）阿拉伯数字表示。
   A. 十二位　　　　　　B. 十一位
   C. 十位　　　　　　　D. 九位

3. 现行《建设工程工程量清单计价规范》由建设部批准，自（　　）施行。
   A. 2013年12月1日　　B. 2013年7月1日
   C. 2005年12月1日　　D. 2008年12月1日

4. 电子招标书文件格式的扩展名通常不是（　　）。
   A. doc　　　　　　　B. nzf
   C. jszf　　　　　　　D. jszb

5. 工程量清单报价的流程为（　　）。
   A. 导入电子招标书—单位工程费用汇总—分部分项工程量清单组价—汇总项目总价—生成电子标书
   B. 导入电子招标书—分部分项工程量清单组价—汇总项目总价—人材机汇总—生成电子标书
   C. 导入电子招标书—分部分项工程量清单组价—单位工程费用汇总—汇总项目总价—生成电子标书
   D. 导入电子招标书—措施项目清单组价—分部分项工程量清单组价—报表—生成电子标书

二、多选题

应用软件编制单位工程分部分项工程量清单计价包括（　　）等内容。
   A. 子目换算　　　　　B. 套定额子目
   C. 设置单价构成　　　D. 定额组价
   E. 输入子目工程量

三、计算题

在当地招投标信息网选择一个招标文件，对其进行投标报价。

四、讨论题

造价人员是否需要对所计算的工程费用保密？保密与否会出现哪些不同的结果？

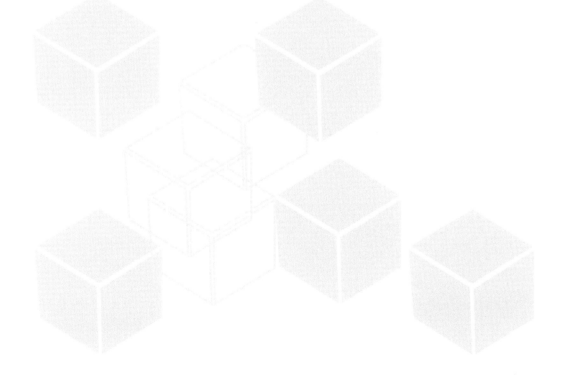

第三篇
室内装饰工程预算

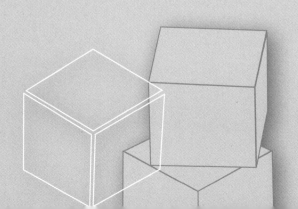

室内装饰工程费用预先计算的前提是先计算出每一分项室内装饰工程的工程数量，即工程量；然后，再计算出每一分项工程的综合单价，通过公式"分项工程费用=工程量×综合单价"，即可得出每一分项工程的费用；最后，将各分项工程费用相加汇总，即可得出全部的分部分项工程费用。逐层汇总，最终得出所需要的工程预算费用。所以，工程预算的第一步是计算工程数量。

第十章 室内装饰工程量计算

室内装饰工程量计算是以施工图与施工说明为依据，以自然计量单位或物理计量单位表示的各分项工程或结构构件的数量。

自然计量单位是以物体自身为计量单位，表示工程完成的数量。例如，门以樘为计量单位；门合页以副为计量单位；洗漱台以个为计量单位等。

物理计量单位是指物体的物理属性，采用法定计量单位表示工程完成的数量。例如，楼地面工程、墙柱面工程和门窗工程等的工程量以m²为计量单位，窗帘盒、装饰线、木扶手等工程量以延长米为计量单位。

工程量是编制工程造价的原始数据，是计算分部分项工程费、确定工程造价的重要依据；是进行工料分析，编制材料需要量计划或半成品加工计划的直接依据；是编制施工进度计划、检查计划执行情况、进行统计分析的重要依据。能否准确、及时地完成工程量计算工作，会直接影响到工程造价编制的质量和进度。

本章节中，有关工程量计算说明、内容及计算规则等内容主要参考《江苏省建筑与装饰工程计价定额》（2014年）。

一、工程量计算的规则与方法

1. 工程量计算的规则
工程量计算是一项严谨细致的工作，要绝对避免重算和漏算。在计算过程中，应注意以下几个方面：
a. 认真熟悉施工图纸，严格按照工程量计算规则进行计算，不得随意加大或缩小各部位的尺寸。例如，

内墙净长线应该按内墙内表面到内墙内表面之间的距离计算，不能以轴线间距作为内墙净长线。
b. 为了便于检查核对，在计算工程量时，一定要注明层次、部位等。
c. 为了便于检查核对，工程计算式中的数字，应按一定的顺序排列。例如，长×宽（高），长×宽×高（厚）等。
d. 为了避免重复劳动，提高预算编制效率，可先算基数，如内墙净长线、标准层或房间的净面积、楼梯间的净面积、厨厕净面积、内墙门窗净面积等，并尽可能做到一数多用，从而简化计算过程。
e. 计算精确度，一般保留小数点后三位小数，第四位小数四舍五入，工程量汇总时，可保留两位小数，第三位小数四舍五入。
f. 计算单位必须同定额计量单位一致。

2. 工程量计算的方法
室内装饰工程量计算方法是根据装饰设计施工图、施工方法、施工自然流程、工程量计算规则及其他资料计算有关工程量。计算方法包括传统法和统筹法。

传统方法计算工程量的优点是这种方法按照装饰施工的自然流程进行，计算过程容易理解且不易漏项；其缺点是计算效率低，很多中间数据被重复计算。

统筹法计算工程量是根据装饰施工图、施工方法、施工流程、工程量计算规则及其他资料，先计算常用基本数据，以备重复多次使用，以及在分项工程量计算顺序上统筹规划，事先计算的工程量可为后续分项工程工程量的计算所利用，从而高效地计算各种装饰部位和装饰构件的相关工程量。统筹法计算工程量的特点是计算效率高、节省时间。其优点是能够最大限度地减少二次重复计算，加快工程量

的计算速度；其缺点是某些计算过程不容易理解，基本数据有时需要根据工程实际和预算编制人员本人的理解进行设置。

二、建筑面积工程量计算

1．建筑面积的概念

建筑面积是表示建筑物平面特征的几何参数，是指建筑物各层面积之和，包括使用面积、辅助面积和结构面积三部分。

使用面积是指建筑物各层平面中直接为生产或生活使用的净面积之和，如住宅建筑物中的客厅、卧室、餐厅等。

辅助面积是指建筑物各层平面中为辅助生产或生活所占净面积之和，如住宅建筑物中的楼梯、过道等。

使用面积与辅助面积之和称为有效面积。

结构面积是建筑物各层平面中墙、柱等结构所占面积之和。

2．建筑面积在装饰工程计价中的作用

建筑面积在装饰工程计价中的作用主要表现为以下几个方面。

1）重要管理指标

建筑面积是建设投资、建设项目可行性研究、建设项目勘察设计、建设项目评估、建设项目招标投标、建筑工程施工和竣工验收、建筑工程造价管理等一系列工作的重要计算指标，也是编制、控制和调整施工进度计划和竣工验收的重要指标。

2）重要技术指标

建筑面积是计算开工面积、竣工面积、建筑装饰规模等的重要技术指标。

3）重要经济指标

建筑面积是确定装饰工程技术经济指标的重要依据。例如，施工方装饰工程造价指标、劳动量消耗，业主方材料消耗指标等。

4）重要计算依据

建筑面积是计算装饰工程以及相关分部分项工程量的依据。例如，装饰用满堂脚手架工程量大小的确定与建筑面积有关。

三、装饰部位工程量计算

地面整体面层子目中均包括基层与装饰面层。找平层砂浆设计厚度不同，按每增、减5mm找平层调整。黏结层砂浆厚度与定额不符时，按设计厚度调整。整体面层、块料面层中的楼地面项目，均不包括踢脚线工料；水泥砂浆、水磨石楼梯包括踏步板、踢脚板、踢脚线、平台、堵头，不包括楼梯底抹灰（楼梯底抹灰另按相应子目执行）。

石材块料面板局部切除并分色镶贴成折线图案者称"简单图案镶贴"，切除分色镶贴成弧线形图案者称"复杂图案镶贴"，该两种图案镶贴应分别套用定额。石材块料面板镶贴及切割费用已包括在定额内，但石材磨边未包括在内。设计磨边者，按相应子目执行。

扶手、栏杆、栏板适用于楼梯、走廊及其他装饰栏杆、栏板、扶手，栏杆定额项目中包括了弯头的制作、安装。设计栏杆、栏板的材料、规格、用量与定额不同，可以调整。定额中栏杆、栏板与楼梯踏步的连接是按预埋件焊接考虑。设计用膨胀螺栓连接时，每10m另增人工0.35工日，M10×100膨胀螺栓10只，铁件1.25kg，合金钢钻头0.13只，电锤0.13台班。

楼梯、台阶不包括防滑条，设计用防滑条者，按相应子目执行。螺旋形、圆弧形楼梯贴块料面层按相应子目的人工乘以系数1.20，块料面层材料乘以系数1.10，其他不变。现场锯割石材块料面板粘贴在螺旋形、圆弧形楼梯面，按实际情况另行处理。

工程量计算规则如下。

1．楼地面工程量计算

（1）地面垫层按室内主墙间净面积乘以设计厚度以立方米计算，应扣除凸出地面的构筑物、设备基础、室内铁道、地沟等所占体积，不扣除柱、垛、间壁墙、附墙烟囱及面积在0.3m²以内孔洞所占体积，但

门洞、空圈、暖气包槽、壁龛的开口部分亦不增加。

（2）整体面层、找平层均按主墙间净空面积以平方米计算，应扣除凸出地面建筑物、设备基础、地沟等所占面积，不扣除柱、垛、间壁墙、附墙烟囱及面积在0.3m²以内的孔洞所占面积，但门洞、空圈、暖气包槽、壁龛的开口部分亦不增加。看台台阶、阶梯教室地面整体面层按展开后的净面积计算。

（3）地板及块料面层，按图示尺寸实铺面积以平方米计算，应扣除凸出地面的构筑物、设备基础、柱、间壁墙等不做面层的部分，0.3m²以内的孔洞面积不扣除。门洞、空圈、暖气包槽、壁龛的开口部分的工程量另增并入相应的面层内计算。

（4）楼梯整体面层按楼梯的水平投影面积以平方米计算，包括踏步板、踢脚板、中间休息平台、踢脚线、梯板侧面及堵头。楼梯井宽在200mm以内者不扣除，超过200mm者，应扣除其面积，楼梯间与走廊连接的，应算至楼梯梁的外侧。

（5）楼梯块料面层、按展开实铺面积以平方米计算，踏步板、踢脚板、休息平台、踢脚线、堵头工程量应合并计算。

（6）台阶（包括踏步及最上一步踏步口外延300mm）整体面层按水平投影面积以平方米计算；块料面层，按展开（包括两侧）实铺面积以平方米计算。

（7）水泥砂浆、水磨石踢脚线按延长米计算，其洞口、门口长度不予扣除，但洞口、门口、垛、附墙烟囱等侧壁也不增加；块料面层踢脚线按图示尺寸以实贴延长米计算，门洞扣除，侧壁另加。

（8）多色简单、复杂图案镶贴石材块料面板，按镶贴图案的矩形面积计算。成品拼花石材铺贴按设计图案的面积计算。计算简单、复杂图案之外的面积，扣除简单、复杂图案面积时，也按矩形面积扣除。

（9）楼地面铺设木地板、地毯以实铺面积计算。楼梯地毯压棍安装以套计算。

（10）其他。

a．栏杆、扶手、扶手下托板均按扶手的延长米计算，楼梯踏步部分的栏杆与扶手应按水平投影长度乘以系数1.18。

b．斜坡、散水、搓牙均按水平投影面积以平方米计算，明沟与散水连在一起，明沟按宽300mm计算，其余为散水，散水、明沟应分开计算。散水、明沟应扣除踏步、斜坡、花台等的长度。

c．明沟按图示尺寸以延长米计算。

d．地面、石材面嵌金属和楼梯防滑条均按延长米计算。

2．楼地面工程量计算常用公式

（1）找平层、整体面层工程量=净长×净宽

（2）块料面层工程量：按实贴面积计算

（3）垫层工程量=（地面面层面积−沟道所占面积）×垫层厚度

[例10-1] 某房间内外墙均为240mm，其他尺寸如图10-1所示。

（1）若室内全部通铺大理石地面，求其工程量。

（2）若室内全部铺实木地板，规格为1200mm×150mm×15mm，求其工程量。

【解】

①块料面层工程量按图示尺寸实铺面积以平方米计算，门窗、空圈等开口部分的工程量并入相应的面层内计算。计算如下：

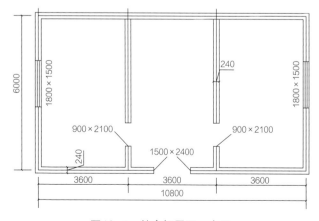

图10-1 某房间平面示意图

大理石工程量=（3.6-0.24）×（6.0-0.24）×3+
0.9×0.24×2+1.5×0.24=58.85（m²）

②考虑木地板铺设方向、错缝要求及木地板侧面凹
凸的特点，需要分别计算长宽方向的木地板数量，
通常损耗量比较大。本题所给尺寸刚好适合，比较
节省木地板。

房间长方向：6÷1.2=5（片）
房间宽方向：3.6÷0.15=24（片）
木地板工程量=5×24×3=360（片）

3. 墙柱面工程量计算

墙、柱的抹灰及镶贴块料面层所取定的设计砂浆，
其品种、厚度若与定额不同则均应调整。砂浆用量
按比例调整，人工数量不变。在圆弧形墙面、梁面
抹灰或镶贴块料面层（包括挂贴、干挂石材块料面
板），按相应子目人工乘以系数1.18（工程量按其弧
形面积计算）。块料面层中带有弧边的石材损耗，应
按实调整，每10m弧形部分，切贴人工增加0.6工
日，合金钢切割片0.14片，石料切割机0.6台班。

木饰面子目的木基层均未含防火材料，设计要求刷
防火涂料，按相应子目执行。装饰面层中均未包括
墙裙压顶线、压条、踢脚线、门窗贴脸等装饰线，
设计有要求时，应按相应子目执行。

不锈钢、铝单板等装饰板块折边加工费及成品铝单
板折边面积应计入材料单价中，不另计算。

定额未包括玻璃、石材的车边、磨边费用。石材车
边、磨边按相应子目执行；玻璃车边费用按市场加
工费另行计算。

工程量计算规则如下。

1）内墙面抹灰
（1）内墙面抹灰面积应扣除门窗洞口和空圈所占的
面积，不扣除踢脚线、挂镜线、0.3m²以内的孔洞和
墙与构件交接处的面积；但其洞口侧壁和顶面抹灰
亦不增加。垛的侧面抹灰面积应并入内墙面工程量
内计算。内墙面抹灰长度，以主墙间的图示净长计
算，其高度按实际抹灰高度确定，不扣除间壁所占
的面积。

（2）石灰砂浆、混合砂浆粉刷中已包括水泥护角线，
不另行计算。

（3）柱和单梁的抹灰按结构展开面积计算，柱与梁
或梁与梁接头的面积不予扣除。砖墙中平墙面的混
凝土柱、梁等的抹灰（包括侧壁）应并入墙面抹灰
工程量内计算。凸出墙面的混凝土柱、梁面（包括
侧壁）抹灰工程量应单独计算，按相应子目执行。

（4）厕所、浴室隔断抹灰工程量，按单面垂直投影
面积乘以系数2.3计算。

2）挂、贴块料面层
（1）内、外墙面、柱梁面、零星项目镶贴块料面层
均按块料面层的建筑尺寸［各块料面层+粘贴砂浆厚
度=25（mm）］面积计算。门窗洞口面积扣除，侧
壁、附垛贴面应并入墙面工程量中。内墙面腰线花
砖按延长米计算。

（2）窗台、腰线、门窗套、天沟、挑檐、盥洗槽、
池脚等块料面层镶贴，均以建筑尺寸的展开面积
（包括砂浆及块料面层厚度）按零星项目计算。

（3）石材块料面板挂、贴均按面层的建筑尺寸（包
括干挂空间、砂浆、板厚度）展开面积计算。

（4）石材圆柱面按石材面外围周长乘以柱高（应扣
除柱墩、柱帽高度）以平方米计算。石材柱墩、柱
帽按石材圆柱面外围周长乘其高度以平方米计算。
圆柱腰线按石材圆柱面外围周长计算。

3）墙、柱木装饰及柱包不锈钢镜面
（1）墙、墙裙、柱（梁）面：木装饰龙骨、衬板、
面层及粘贴切片板按净面积计算，并扣除门、窗洞
口及0.3m²以上的孔洞所占的面积，附墙垛及门、窗
侧壁并入墙面工程量内计算。

单独门、窗套按相应子目计算。柱、梁按展开宽度
乘以净长计算。

（2）不锈钢镜面、各种装饰板面均按展开面积计算。

若地面天棚面有柱帽、柱脚，则高度应从柱脚上表面至柱帽下表面计算。柱帽、柱脚按面层的展开面积以平方米计算，套柱帽、柱脚子目。

（3）幕墙以框外围面积计算。幕墙与建筑顶端、两端的封边按图示尺寸以平方米计算，自然层的水平隔离与建筑物的连接按延长米计算（连接层包括上、下镀锌钢板在内）。幕墙上下设计有窗者，计算幕墙面积时，窗面积不扣除，但每10m²窗面积另增加人工5个工日，增加的窗料及五金按实计算（幕墙上铝合金窗不再另外计算）。其中，全玻璃幕墙以结构外边按玻璃（带肋）展开面积计算，支座处隐藏部分玻璃合并计算。

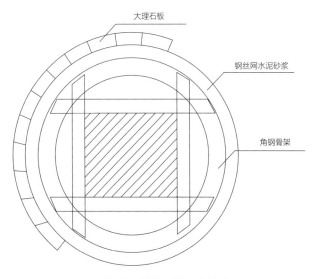

图10-2　镶贴石材饰面板圆柱结构示意图

[**例10-2**] 如图10-2所示，某大厅四根高为6.5m的方柱做成镶贴石材饰面板的圆柱，图中钢丝网水泥砂浆饰面的半径为450mm，大理石饰面的半径为485mm。求该工程的工程量。

【解】
内外墙面、柱梁面、零星项目镶贴块料面层均按块料面层的建筑尺寸以面积计算。

①钢丝网水泥砂浆饰面：
工程量=3.14×4.5×2×6.5=183.69（m²）

②大理石饰面：
工程量=3.14×4.85×2×6.5=197.98（m²）

[**例10-3**] 某大厅入口处主隔断构造如图10-3所示，计算其制作工程量。

【解】
根据工程量计算规则，本例隔断制作工程量如表10-1所示。

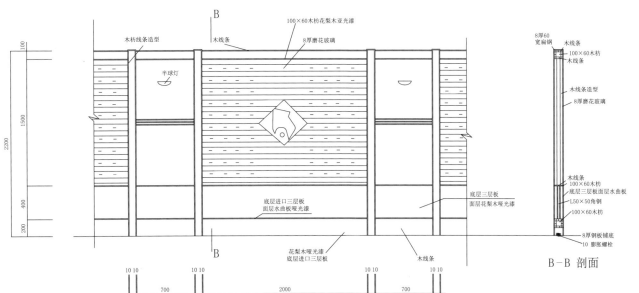

图10-3　某大厅入口处主隔断构造示意图

表10-1　　　　　　　　　　　　　　　工程量计算表

序号	分项工程名称	单位	数量	计算式
	墙柱面工程	m²		
1	8厚磨砂玻璃隔断	m²	3.30	（2.0+0.1×2）×1.5
2	100mm×60mm木枋花梨木、三层板基层木隔断	m²	4.84	（0.7+0.1）×（0.2+0.4+1.5+0.1）×2+（2.0+0.1×2）×（0.2+0.4）
3	木隔断贴水曲柳面板	m²	11.10	［（0.7×2+0.1×4+2.0）×（0.2+0.4+1.5+0.1）-（2.0×1.5）］×2+（0.7×2+0.1×4+2.0）×0.1
4	木线条造型	m	71.6	2.0×8（双面）+0.7×28+（0.2+0.4+1.5+0.1）×16+0.1×8

4. 顶棚工程量计算

根据是否承重，可以将天棚分为上人天棚和不上人天棚，上人型天棚吊顶检修道分为固定、活动两种，应按设计分别套用定额。

天棚吊顶由骨架基层和面层两部分组成，天棚的骨架基层分为简单型、复杂型两种：

简单型是指每间面层在同一标高的平面上。

复杂型是指每一间面层不在同一标高平面上，其高度差在100mm以上（含100mm），但必须满足不同标高的少数面积占该间面积的15%以上。

天棚吊筋、龙骨与面层应分开计算，按设计套用相应子目。设计小房间（厨房、厕所）内不用吊筋时，不能计算吊筋项目，并扣除相应定额中人工含量0.67工日/10m²。

龙骨有木龙骨、金属龙骨，常用的金属龙骨有U型轻钢龙骨和T型铝合金龙骨。轻钢、铝合金龙骨是按双层编制的，设计若为单层龙骨（大、中龙骨均在同一平面上），在套用定额时，应扣除定额中的小（付）龙骨及配件，人工乘系数0.87，其他不变，设计小（付）龙骨用中龙骨代替时，其单价应调整。木质骨架及面层的上表面，未包括刷防火漆，当设计要求刷防火漆时，应按相应定额子目计算。金属吊筋是按膨胀螺栓连接在楼板上考虑的，每付吊筋的规格、长度、配件及调整办法详见天棚吊筋子目，设计吊筋与楼板底面预埋铁件焊接时也执行本定额。吊筋子目适用于钢、木龙骨的天棚基层。

胶合板面层在现场钻吸音孔时，按钻孔板部分的面积，每10m²增加人工0.64工日计算。

工程量计算规则如下。

（1）本定额天棚饰面的面积按净面积计算，不扣除间壁墙、检修孔、附墙烟囱、柱垛和管道所占面积，但应扣除独立柱、0.3m²以上的灯饰面积（石膏板、夹板天棚面层的灯饰面积不扣除）与天棚相连接的窗帘盒面积，整体金属板中间开孔的灯饰面积不扣除。

（2）天棚中假梁、折线、叠线等圆弧形、拱形、特殊艺术形式的天棚饰面，均按展开面积计算。

（3）天棚龙骨的面积按主墙间的水平投影面积计算。天棚龙骨的吊筋按每10m²龙骨面积套相应子目计算；全丝杆的天棚吊筋按主墙间的水平投影面积计算。

（4）圆弧形、拱形的天棚龙骨应按其弧形或拱形部分的水平投影面积计算套用复杂型子目，龙骨用量按设计进行调整，人工和机械按复杂型天棚子目乘以系数1.8。

（5）本定额天棚每间以在同一平面上为准，设计有圆弧形、拱形时，按其圆弧形、拱形部分的面积：圆弧形面层人工按其相应子目乘以系数1.15计算，拱形面层的人工按相应子目乘以系数1.5计算。

（6）铝合金扣板雨篷、钢化夹胶玻璃雨篷均按水平投影面积计算。

（7）天棚面抹灰：

a. 天棚面抹灰按主墙间天棚水平面积计算，不扣除间壁墙、垛、柱、附墙烟囱、检查洞、通风洞、管道等所占的面积。

b. 密肋梁、井字梁、带梁天棚抹灰面积，按展开面积计算，并入天棚抹灰工程量内。斜天棚抹灰按斜面积计算。

c. 天棚抹面如抹小圆角者，人工已包括在定额中，材料、机械按附注增加。如带装饰线者，其线分别按三道线以内或五道线以内，以延长米计算（线角的道数以每一个突出的阳角为一道线）。

d. 楼梯底面、水平遮阳板底面和沿口天棚，并入相应的天棚抹灰工程量内计算。混凝土楼梯、螺旋楼梯的底板为斜板时，按其水平投影面积（包括休息平台）乘以系数1.18，底板为锯齿形时（包括预制踏步板），按其水平投影面积乘以系数1.5计算。

[**例10-4**] 图10-4为某会议室二层顶面施工图，中间为不上人型T型铝合金龙骨，纸面石膏板（450mm×450mm）面层，边上为不上人型轻钢龙骨吊顶，纸面石膏板面层，方柱断面为1000mm×1000mm，计算龙骨及面层工程量（墙厚为240mm）。

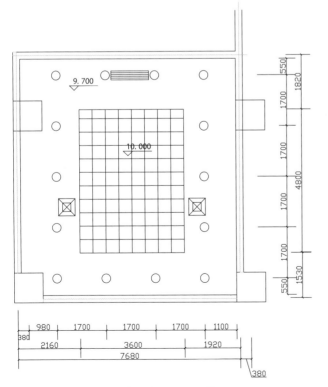

图10-4 某会议室二层顶面施工图

【解】

由于客房各部位天棚做法不同，应分别计算。

①龙骨、吊顶计算：

铝合金龙骨工程量=3.60×4.80=17.28（m²）

轻钢龙骨工程量=（7.68-0.24）×（1.53+4.80+1.82-0.24）-3.60×4.80=41.57（m²）

②面层计算：

纸面石膏板1（铝合金龙骨）

工程量=3.60×4.80=17.28（m²）

纸面石膏板2（轻钢龙骨）

工程量=（7.68-0.24）×（1.53+4.80+1.82-0.24）-3.60×4.80+（3.60+4.80）×2×0.30-（1.00-0.24）×1.00-（1.00-0.24）×（1.00-0.24）=45.27（m²）

5. 门窗及其他装饰工程量计算

门窗工程分为购入构件成品安装，铝合金门窗制作安装，木门窗框、扇制作安装，装饰木门扇及门窗五金配件安装五部分，通常以成品安装为主。购入构件成品安装门窗单价中，除地弹簧、门夹、管子、拉手等特殊五金外，玻璃及一般五金已包括在相应的成品单价中，一般五金的安装人工已包含在定额内，特殊五金和安装人工应按"门、窗配件安装"的相应子目执行。

设计门、窗有艺术造型等有特殊要求时，因设计差异变化较大，其制作、安装应按实际情况另行处理。

工程量计算规则如下。

（1）购入成品的各种铝合金门窗安装，按门窗洞口面积以平方米计算；购入成品的木门扇安装，按购入门扇的净面积计算。

（2）现场铝合金门窗扇制作、安装按门窗洞口面积以平方米计算。

（3）各种卷帘门按实际制作面积计算，卷帘门上有小门时，其卷帘门工程量应扣除小门面积。卷帘门上的小门按扇计算，卷帘门上电动提升装置以套计算，手动装置的材料、安装人工已包括在定额内，不另增加。

（4）无框玻璃门按其洞口面积计算。无框玻璃门中，部分为固定门扇、部分为开启门扇时，工程量应分开计算。无框门上带亮子时，其亮子与固定门扇合并计算。

（5）门窗框上包不锈钢板均按不锈钢板的展开面积以平方米计算，木门扇上包金属面或软包面均以门扇净面积计算。无框玻璃门上亮子与门扇之间的钢骨架横撑（外包不锈钢板），按横撑包不锈钢板的展开面积计算。

（6）门窗扇包镀锌铁皮，按门窗洞口面积以平方米计算；门窗框包镀锌铁皮、钉橡皮条、钉毛毡按图示门窗洞口尺寸以延长米计算。

（7）木门窗框、扇制作、安装工程量按以下规定计算：

a. 各类木门窗（包括纱门、纱窗）制作、安装工程量均按门窗洞口面积以平方米计算。
b. 连门窗的工程量应分别计算，套用相应门、窗定额，窗的宽度算至门框外侧。
c. 普通窗上部带有半圆窗的工程量应按普通窗和半圆窗分别计算，其分界线以普通窗和半圆窗之间的横框上边线为分界线。
d. 无框窗扇按扇的外围面积计算。

6. 油漆、涂料、裱糊工程量计算

涂料、油漆工程均采用手工操作，喷塑、喷涂、喷油采用机械喷枪操作，实际施工操作方法不同时，均按本定额执行。油漆项目中，已包括钉眼刷防锈漆的工、料，并且综合了各种油漆的颜色，若设计油漆颜色与定额不符时，人工、材料均不调整。

定额中规定的喷、涂刷的遍数，如与设计不同时，可按每增减一遍相应子目执行。石膏板面套用抹灰面定额。涂料定额是按常规品种编制的，设计用的品种与定额不符，单价换算，可以根据不同的涂料调整定额含量，其余不变。

抹灰面乳胶漆、裱糊墙纸饰面是根据现行工艺，将墙面封油刮腻子、清油封底、乳胶漆涂刷及墙纸裱糊分列子目，乳胶漆、裱糊墙纸子目已包括再次找补腻子在内。

涂刷金属面防火涂料厚度应达到国家防火规范的要求。

工程量计算规则如下。

（1）天棚、墙、柱、梁面的喷（刷）涂料和抹灰面乳胶漆，工程量按实喷（刷）面积计算，但不扣除 $0.3m^2$ 以内的孔洞面积。

a. 踢脚线按延长米计算，如踢脚线与墙裙油漆材料相同，应合并在墙裙工程量中。
b. 橱、台、柜工程量计算按展开面积计算。零星木装修、梁、柱饰面按展开面积计算。
c. 窗台板、筒子板（门、窗套），不论有无拼花图案和线条均按展开面积计算。

（2）木材面油漆。
各种木材面的油漆工程量按构件的工程量乘相应系数计算。套用单层木门定额的项目工程量乘以下列系数，如表10-2所示。

表10-2　　　　　　　　　　　套用单层木门定额工程量系数表

项目名称	系数	工程量计算方法
单层木门	1.00	按洞口面积计算
带上亮木门	0.96	
双层（一玻一纱）木门	1.36	
单层全玻门	0.83	
单层半玻门	0.90	
不包括门套的单层木扇	0.81	
凹凸线条几何图案造型单层木门	1.05	
木百叶门	1.50	

项目名称	系数	工程量计算方法
半木百叶门	1.25	
厂库房木大门、钢木大门	1.30	按洞口面积计算
双层（单裁口）木门	2.00	

（3）抹灰面的油漆、涂料、刷浆工程量＝抹灰的工程量。

（4）刷防火涂料计算规则如下：

a．隔壁、护壁木龙骨按其面层正立面投影面积计算。

b．柱木龙骨按其面层外围面积计算。

c．天棚龙骨按其水平投影面积计算。

d．木地板中木龙骨及木龙骨带毛地板按地板面积计算。

e．隔壁、护壁、柱、天棚面层及木地板刷防火涂料，执行其他木材面刷防火涂料相应子目。

[例10-5] 如图10-1所示，某房间混凝土墙面全部采用砂胶喷涂，天棚底面标高为3.2m，试计算其工程量。

【解】
喷刷涂料工程量按设计图示尺寸以面积计算，扣除门窗洞口所占面积。

工程量＝（3.6-0.24+6-0.24）×2×3.2×3-1.5×2.4-0.9×2.1×2-1.8×1.5×2=162.32（m²）

7. 其他零星工程量计算规则

除铁件、钢骨架已包含刷防锈漆一遍外，其余均未包含油漆、防火漆的工料，如设计涂刷油漆、防火漆，按油漆相应子目套用。

招牌不区分平面型、箱体型、简单型、复杂型。各类招牌、灯箱的钢骨架基层制作、安装套用相应子目，按吨计量。招牌、灯箱内灯具未包括在内。

装饰线条安装为线条成品安装，定额均以安装在墙面上为准。设计安装在天棚面层时，按以下规定执行（但墙、顶交界处的角线除外）：钉在木龙骨基层上，人工按相应定额乘以系数1.34；钉在钢龙骨基层上，人工按相应子目乘以系数1.68；钉木装饰线条图案，人工乘以系数1.50（木龙骨基层上）及1.80（钢龙骨基层上）。设计装饰线条成品规格与定额不同时应换算，但含量不变。

石材装饰线条均按成品安装考虑。石材装饰线条的磨边、异型加工等均包含在成品线条的单价中，不再另计。

石材的镜面处理另行计算。石材面刷防护剂是指通过刷、喷、涂、滚等方法，使石材防护剂均匀分布在石材表面或渗透到石材内部形成一种保护，使石材具有防水、防污、耐酸碱、抗老化、抗冻融、抗生物侵蚀等功能，从而达到提高石材使用寿命和装饰性能的效果。

工程量计算规则如下。

（1）灯箱面层按展开面积以平方米计算。

（2）招牌字按每个字面积在0.2m²内、0.5m²内、0.5m²外三个子目划分，字不论安装在何种墙面或其他部位均按字的个数计算。

（3）单线木压条、木花式线条、木曲线条、金属装饰条及多线木装饰条、石材线等安装均按外围延长米计算。

（4）石材及块料磨边、胶合板刨边、打硅酮密封胶，均按延长米计算。

（5）门窗套、筒子板按面层展开面积计算。窗台板按平方米计算。如图纸未注明窗台板长度时，可按窗框外围两边共加100mm计算；窗口凸出墙面的宽度按抹灰面另加30mm计算。

（6）暖气罩按外框投影面积计算。

（7）窗帘盒及窗帘轨按延长米计算，如设计图纸未注明尺寸可按洞口尺寸加30cm计算。

（8）窗帘装饰布：
a. 窗帘布、窗纱布、垂直窗帘的工程量按展开面积计算。
b. 窗水波幔帘按延长米计算。

（9）石膏浮雕灯盘、角花按个数计算，检修孔、灯孔、开洞按个数计算，灯带按延长米计算，灯槽按中心线延长米计算。

（10）石材防护剂按实际涂刷面积计算。成品保护层按相应子目工程量计算。台阶、楼梯按水平投影面积计算。

（11）卫生间配件：
a. 石材洗漱台板工程量按展开面积计算。
b. 浴帘杆按数量以每10支计算、浴缸拉手及毛巾架按数量以每10副计算。
c. 无基层成品镜面玻璃、有基层成品镜面玻璃，均按玻璃外围面积计算。镜框线条另计。

（12）隔断的计算：
a. 半玻璃隔断是指上部为玻璃隔断，下部为其他墙体，其工程量按半玻璃设计边框外边线以平方米计算。
b. 全玻璃隔断是指其高度自下横档底算至上横档顶面，宽度按两边立框外边以平方米计算。
c. 玻璃砖隔断按玻璃砖格式框外围面积计算。
d. 浴厕木隔断，其高度自下横档底算至上横档顶面以平方米计算。门扇面积并入隔断面积内计算。
e. 塑钢隔断按框外围面积计算。

（13）货架、柜橱类均以正立面的高（包括脚的高度在内）乘以宽，以平方米计算。收银台以个计算，其他以延长米为单位计算。

课后练习

一、单选题

1. 建筑装饰工程定额项目计量单位的表示方法，均以国际单位制为单位，其中面积的计量单位表示为（　　）。
   A. t
   B. m^2
   C. kg
   D. m^3

2. 天棚工程木龙骨刷防火涂料工程，计入（　　）处理。
   A. 天棚工程
   B. 门窗工程
   C. 其他工程
   D. 油漆、涂料工程

3. 锯齿形混凝土板式楼梯底面抹灰面刷乳胶漆，已知该楼梯在平面图里长4m，宽3m，与地面呈30°角，则该楼梯底面乳胶漆的工程量为（　　）。
   A. $12m^2$
   B. $15m^2$
   C. $16m^2$
   D. $18m^2$

4. 某别墅玄关地面铺英国棕大理石，中间有一椭圆形复杂图案拼花，椭圆长轴0.6m，短轴0.4m，已知玄关长4.2m，宽2.7m，高3.5m。则该玄关英国棕大理石地面的工程量为（　　）。
   A. $11.34m^2$
   B. $11.10m^2$
   C. $11.58m^2$
   D. $10.64m^2$

5. 下列项目不以延长米为计量单位的是（　　）。
   A. 窗帘盒
   B. 踢脚线
   C. 楼梯扶手
   D. 台阶

6. 某包间四面墙采用装饰板满铺，房间净长4.2m，净宽3.5m，净高2.4m，装有一扇门，规格为900mm×2100mm，不开窗，只设一洞口传菜，规格为600mm×400mm，则该装饰板墙面的工程量为（　　）。
   A. $34.83m^2$
   B. $35.07m^2$
   C. $36.96m^2$
   D. $35.83m^2$

7. 下列论述错误的是（　　）。
   A. 天棚龙骨按其水平投影面积计算
   B. 地面找平层按主墙间净空面积以平方米计算
   C. 楼梯整体面层按楼梯的水平投影面积以平方米计算
   D. 纱窗制作、安装工程量按个计算

8. 通常长度的计量单位不用（　　）表示。
   A. 米
   B. 分米
   C. 厘米
   D. 毫米

二、多选题

1. 天棚工程量清单计算需要分别计算下列几项（　　）。
   A. 天棚
   B. 龙骨

C. 面层　　　　　　　　　D. 吊筋

E. 基层

2. 下列项目属于墙柱面工程的是（　　　）。

A. 墙纸裱糊　　　　　　　B. 石材梁面

C. 隔断　　　　　　　　　D. 全玻幕墙

E. 塑料靠墙扶手

3. 下列说法错误的是（　　　）。

A. 楼梯块料面层、按投影面积以平方米计算

B. 木百叶门的油漆工程量按门的工程量乘系数1.2计算

C. 厕所、浴室隔断抹灰工程量，按单面垂直投影面积乘以系数2.3计算

D. 楼梯整体面层按楼梯的水平投影面积以平方米计算

E. 石材装饰线条的磨边包含在成品线条的单价中，不再另计

4. 下列项目属于楼地面工程的是（　　　）。

A. 踢脚线　　　　　　　　B. 栏杆、扶手

C. 水泥砂浆垫层　　　　　D. 楼梯

E. 干挂石材钢骨架

5. 下列关于建筑面积论述不正确的有（　　　）。

A. 建筑面积是指建筑物各层面积之和

B. 建筑面积是计算装饰工程量的依据

C. 使用面积与结构面积之和称为有效面积

D. 建筑面积包括使用面积、辅助面积和结构面积三部分

E. 辅助面积是建筑物各层平面中墙、柱等结构所占面积之和

6. 工程量计量单位应取整数的有（　　　）。

A. 米　　　　　　　　　　B. 吨

C. 个　　　　　　　　　　D. 延长米

E. 项

7. 下列说法正确的是（　　　）。

A. 物理计量单位是以物体自身为计量单位，表示工程完成的数量

B. 工程量计算单位必须同定额计量单位一致

C. 花岗岩、大理石板局部切除并分色镶贴成折线图案者称"简单图案镶贴"

D. 石灰砂浆、混合砂浆粉刷中不包括水泥护角线，需行计算

E. 台阶整体面层按设计图纸实际尺寸以平方米计算

三、计算题

列表计算所在教室的装饰工程量。

四、讨论题

1. 工程量计算不够准确可能造成哪些影响？

2. 为了保证造价人员准确计算工程量，设计师在绘制施工图时需要注意哪些方面？

第十一章　建筑装饰工程预算定额编制

计算出分项工程的工程量后，即可通过建筑装饰预算定额，查阅并计算出对应分项工程的综合单价，从而达到计算分项工程费用的目标。为了更加灵活准确地应用定额，有必要先了解一下预算定额的编制。

从编制程序来看，施工定额是预算定额的编制基础，而预算定额则是概算定额或估算指标的编制基础。预算定额的研究对象为分项工程，定额项目划分较细，应用范围较广。

一、定额的编制原则

建筑装饰工程预算定额和其他专业预算定额一样，编制时必须遵守以下原则。

1. 按平均水平确定预算定额的原则

建筑装饰工程预算定额是确定建筑装饰工程价格的主要依据。预算定额作为确定建筑装饰工程价格的工具，必须遵守价格的客观规律和要求。根据国家有关部门对建筑装饰工程定额编制的规定，定额水平应按照社会必要劳动量来确定，即按产品生产过程中所消耗的社会必要劳动时间确定定额水平。预算定额的水平为社会平均水平，是根据各省、市、地区建筑业在现实平均生产条件、平均劳动熟练程度、平均劳动强度下，完成单位建筑装饰工程量所需的时间确定的。

2. 简明适用性原则

建筑装饰工程预算定额的内容和形式，既要满足不同用途的需要，还要具有简单明了、适用性强、容易掌握和操作应用等特点。在使用预算定额的计量单位时，还要考虑到要简化工程的计算工作。同时，为了保证预算定额水平，除了在设计和施工中要允许换算外，要尽可能直接套用预算定额，这样既减少了换算工作量，也有利于保证预算定额的法令性。

3. 统一性和差别性相结合的原则

考虑到我国基本建设的实际情况，在建筑装饰工程预算定额方面，采用的是由统一性和差别性相结合的预算定额原则。根据国家基本建设方针政策和经济发展的要求，采取统一制定的原则和方法，组织预算定额的编制和修订，颁布全国统一预算定额和

费率标准，以及有关的政策性法规和条例细则等。在全国范围内，统一基础定额的项目划分，统一定额名称、定额编号，统一人工、材料、机械台班消耗量的名称及计量单位等，只有这样，建筑装饰工程预算定额才具有统一的计价依据。

各省、自治区、直辖市及地区可以根据本地建筑装饰工程的实际情况，按照国家有关部门在基础定额编制规定中制定的原则，制定出符合本地或各部门的地区性建筑装饰工程预算定额，颁发补充性的条例细则，这种具有差别性的建筑装饰工程预算定额可以对本地建筑装饰行业的发展起到促进作用。

二、定额的编制依据

1. 有关建筑装饰工程的预算定额资料

编制建筑装饰工程预算定额所依据的有关资料，主要包括以下两个方面。

（1）建筑装饰工程施工定额；
（2）现行的建筑工程预算定额（单位估价表），以及现行的建筑装饰工程预算定额。

2. 有关建筑装饰工程的设计资料

进行建筑装饰工程预算定额的编制必须依据有关的设计资料，其主要内容如下。

（1）国家或地区颁布的建筑装饰工程通用设计图集；
（2）有关建筑装饰工程构件、产品的定型设计图集；
（3）其他有代表性的建筑装饰工程设计资料。

3. 有关建筑装饰工程的政策法规和相关的文件资料

进行建筑装饰工程预算定额的编制必须依据有关的政策法规和相关的文件资料，其主要内容如下。

（1）现行的建筑安装工程施工验收规范；
（2）现行的建筑安装工程质量评定标准；
（3）现行的建筑安装工程操作规程；
（4）现行的建筑工程施工验收规范；
（5）现行的建筑装饰工程质量评定标准；
（6）其他有关的政策法规和文件资料。

第三篇　室内装饰工程预算

4. 有关建筑装饰工程的价格资料

随着造价管理工作的逐步完善，各地区均建立了本地区的造价信息网站，使价格信息的更新更加及时，成为工程计价的主要依据。建筑装饰工程预算定额的编制必须依据有关的价格资料，其主要内容如下。

（1）现行的人工工资标准资料；
（2）现行的材料预算价格资料；
（3）现行的有关设备配件的价格资料；
（4）现行的施工机械台班预算价格资料。

三、定额的编制程序与方法

建筑装饰工程预算定额的编制程序，可分为准备阶段（包括收集资料）、编制阶段和申报阶段，如表11-1所示。

表11-1 建筑装饰工程预算定额的
编制程序与内容

	准备阶段	成立编制小组
编制程序		收集编制资料
		拟定编制方案
		确定定额项目水平表现形式
	编制阶段	熟悉、分析预算资料
		计算工作量
		确定人工、材料、机械台班消耗量
		计算定额基价
		编制定额项目表
		拟定文字说明
	申报阶段	测算新编定额水平审查
		审查、修改新编定额
		报请主管部门审批
		颁发执行新定额

从表11-1中我们可以看出各个阶段的工作内容，这些工作具有相互交叉、多次反复的特点，并且某些重点步骤在确定计量方法上还有具体的规则。

1. 确定建筑装饰工程定额项目名称和工程内容

编制建筑装饰工程预算定额，首先要确定该建筑装饰工程预算定额项目的名称（即分部分项工程项目及其所属子项目的名称），然后确定定额项目、定额编号及其工程内容，一般根据建筑装饰工程预算定额的有关基础资料进行编制，并且参照施工定额分项工程项目规定综合确定，要能反映出当前建筑装饰业的实际水平并具有广泛的代表性。工程内容的确定也代表了工程量计算项目的确定。

2. 确定建筑装饰工程施工方法

建筑装饰工程施工方法与预算定额项目中各专业、各工种及相应的用工数量，各种材料、成品或半成品的用量，施工机械类型及其台班用量，以及定额基价等主要依据有着密切的关系。在建筑装饰工程项目中，因施工方法的不同，导致项目基价间存在着一定的差异，所以其施工方法可以在项目名称上体现出来。如花岗岩拼花地面，根据其施工方法与要求的不同，其项目名称可以是复杂拼花或简单拼花。

3. 确定建筑装饰工程定额项目计量单位

1）计量单位确定的原则

定额计量单位确定的原则是，工程项目计量单位必须与定额项目一致。它应当准确地反映出分项工程的实际消耗量，保证建筑装饰工程预算的准确性。同时，为保证预算定额的适用性，还要确定合理、必要的定额项目，以简化工程量的定额换算工作。

建筑装饰工程项目的计量单位主要是根据分项工程的形体特征和变化规律来确定，其具体内容如下。

a. 长、宽、高都发生变化时，定额计量单位为m^3，如混凝土、土石方、砖石等；
b. 厚度一定，面积发生变化时，定额计量单位为m^2，如墙面、地面等；
c. 截面形状大小固定，长度发生变化时，定额计量单位为延长米，如楼梯扶手、窗帘盒等；
d. 体积或面积相同，价格和重量差异大时，定额计量单位为t或kg，如金属构件制作、安装工程等；
e. 形状不规则难以度量时，定额计量单位为个、套、件等，如装饰门套的计量单位为樘，电气工程中的开关、插座计量单位为个。

2）建筑装饰工程定额项目计量单位的表示方法，均以国际单位制为准

a. 人工的计量单位为工日；

b. 木材的计量单位为m³；

c. 大芯板、胶合板的计量单位为m²或100m²；

d. 铝合金型材的计量单位为kg；

e. 电气设备的计量单位为台；

f. 钢筋及钢材的计量单位为t；

g. 其他材料的计量单位依具体情况而定；

h. 机械的计量单位为台班；

i. 定额基价的计量单位为元。

3）建筑装饰工程数量单位，按国际单位制表示

a. 长度的计量单位为m、cm、mm；

b. 面积的计量单位为m²、cm²、mm²；

c. 体积的计量单位为m³；

d. 重量的计量单位为t、kg。

4）建筑装饰工程定额工程量计算

建筑装饰工程定额工程量计算的目的，是通过对施工设计图或资料中所包括的施工过程工程量分别计算，使之在编制工程定额时，能够更加合理地利用施工定额的人工费、材料费、施工机械台班费等各项消耗量指标。

建筑装饰工程定额项目工程量的计算方法是，根据建筑装饰工程确定的分项工程和所含的子项目，结合选定的施工设计图、设计资料或施工组织设计，按照工程量有关计算规则进行计算。需要填写的主要内容如下。

a. 确定所选施工设计图或设计资料的来源和名称；

b. 确定建筑装饰工程的性质；

c. 建筑装饰工程中工程量计算表的编制说明；

d. 选择合适的图例和计算公式。

以上任务完成后，再根据建筑装饰工程预算定额单位，将已计算出的工程量数额折算成定额单位的工程量。如地砖铺设、柱面贴面、天棚轻钢龙骨等，由1m²折算成定额单位工程量10m²。

5）建筑装饰工程定额单价的确定

（1）人工单价　人工单价亦称工日单价，是指预算定额确定的用工单价（正常条件下，一名工人工作8小时为一工日），一般包括基本工资、工资性津贴和相关的保险费等。传统的基本工资是根据工资标准计算的，目前企业的工资标准大多由企业自己制定。

（2）材料单价　指材料从采购到运输到工地仓库或堆放场地后的出库价格。材料从采购、运输到保管的过程中，即在使用前所发生的全部费用，构成了材料单价。

不同的材料采购和供应方式，其材料单价的费用构成也不同，一般有以下几种。

a. 材料供货到工地现场：当材料供应商将材料供货到施工现场时，材料单价由材料原价、现场装卸搬运费、采购保管费等费用构成。

b. 到供货地点采购材料：当需要派人到供货地点采购材料时，材料单价由材料原价、运杂费和采购保管费构成。

c. 需二次加工的材料：若某些材料被采购回来后还需要进一步加工时，材料单价除了上述费用外还包括材料二次加工费。

综上所述，材料单价主要包括材料原价、运杂费（或现场搬运装卸费）、采购保管费等费用。若某些材料的包装品可以计算回收值，还应减去该项费用。

其中，材料原价是付给材料供应商的材料单价。当某种材料有两个或两个以上的材料供应商且材料原价不同时，应计算加权平均原价。通常包装费和手续费也包括在材料原价内。

材料运杂费是指采购材料的过程中，将材料从采购地点运输到工地仓库或堆放场地发生的各项费用，包括装卸费、运输费和合理的运输损耗费等。

材料采购保管费是指承包商在组织采购和保管材料的过程中发生的各项费用，包括采购人员的工资、差旅交通费、通信费、业务费、仓库保管费等各项费用。采购保管费一般按发生的各项费用之和乘一定的费率计算，通常取定为2%左右，计算公式为：

材料采购保管费=（材料原价+运杂费）×采购保管费费率

材料单价=（加权平均材料原价+加权平均材料运输

费）×（1+采购保管费费率）-包装品回收值

[例11-1] 某公装工程一共用600mm×600mm地砖800块，分两批采购，第一批采购了520块，单价为50元/块，运到工地的费用为0.4元/块，其余的单价为85元/块，运费为0.5元/块，该地砖的采购保管费率为2%，包装品共回收75元，则该地砖的单价为多少？

【解】

地砖加权平均材料原价=[520×50+（800-520）×85]÷800=62.25（元/块）

地砖加权平均材料运输费=[520×0.4+（800-520）×0.5]÷800=0.435（元/块）

地砖单价=（62.65+0.435）×（1+2%）-75÷800=64.25（元/块）

在室内装饰工程中，通常材料费占总造价的60%～70%，精装工程比例会更高，所以，材料费用的计算非常重要。

（3）机械使用费单价

施工机械使用费，是指施工机械作业所发生的机械使用费以及机械安拆费和场外运输等费用。其单位为台班，即一台机械工作8小时为一个机械台班。

台班单价由不变费用和可变费用组成。不变费用包括折旧费、大修理费、经常修理费、安装拆卸及辅助设施费等。可变费用包括机上人员人工费、动力燃料费、养路费及车船使用税。可变费用中的人工工日数及动力燃料消耗量，应以机械台班费用定额中的数值为准。台班人工费工日单价同生产工人人工费单价。动力燃料费用按材料费的计算规定计算。

课后练习

一、单选题

1. 截面形状大小固定，长度发生变化时，定额计量单位为（　　）。
   A. 平方米　　　　　　　　B. 延长米
   C. 米　　　　　　　　　　D. 立方米

2. 某公装工程一共用600mm×600mm地砖800块，分两批采购，第一批采购了520块，单价为50元/块，运到工地的费用为0.4元/块，其余的单价为85元/块，运费为0.5元/块，该地砖的采购保管费率为2%，包装品共回收75元，则该地砖的单价为（　　）。
   A. 62.25元/块　　　　　　B. 67.50元/块
   C. 64.25元/块　　　　　　D. 62.69元/块

3. 建筑装饰工程预算定额的编制原则不包括（　　）。
   A. 按平均水平确定
   B. 简明适用性原则
   C. 统一性和差别性相结合
   D. 按平均先进水平确定

4. 材料采购及保管费，是以（　　）乘一定费率计算的。
   A. 供应价+运输费　　　　B. 供应价+运输损耗
   C. 供应价　　　　　　　　D. 材料原价+运杂费

5. 某别墅装修工程一共用900mm×900mm大理石240块，分两批采购，第一批采购了100块，单价为460元/块，运到工地费用为5元/块，其余的单价为380元/块，运费为4元/块，该大理石的采购保管费率为2%，包装品共回收450元，则该大理石的单价为（　　）。
   A. 432.99元/块　　　　　B. 431.12元/块
   C. 424.23元/块　　　　　D. 424.50元/块

二、多选题

1. 材料费主要包括（　　）。
   A. 材料费　　　　　　　　B. 二次搬运费
   C. 损耗费　　　　　　　　D. 运杂费
   E. 采购保管费

2. 材料采购保管费包括采购人员的工资、（　　）和仓库保管费等各项费用。
   A. 伙食费　　　　　　　　B. 津贴
   C. 通信费　　　　　　　　D. 差旅交通费
   E. 业务费

三、讨论题

讨论定额的实践性在编制过程中体现在哪几个方面？

第十二章　建筑装饰工程预算定额及应用

室内装饰工程预算通常套用的是地方性定额，而且是专业性定额中建筑装饰工程定额的装饰工程部分。本章重点学习装饰工程定额部分的相关知识。

一、定额的内容

建筑装饰工程预算定额就是在一定的施工技术与建筑艺术的综合条件下，为生产该项质量合格的装饰工程产品，消耗在单位装饰工程基本构造要素上的人工、材料和机械台班的数量标准与费用额度。这里所说的基本构造要素，就是通常所说的分项装饰工程或结构构件。

建筑装饰工程预算定额是建筑工程预算定额的组成部分，它涉及装饰装修技术、建筑艺术创作，与装饰施工企业的内部管理和装饰工程造价的确定也有密切的关系。其作用如下：

a．装饰工程预算定额是编制装饰工程施工图预算、确定和控制装饰工程造价的基础；

b．装饰工程预算定额是确定装饰工程招标控制价和投标报价的基础；

c．装饰工程预算定额是编制装饰工程施工组织设计、进度计划的依据；

d．装饰工程预算定额是装饰工程施工企业进行工程结算、经济分析的基础。

要正确利用装饰工程预算定额，必须全面了解它的组成内容。为了快速、准确地确定各分项工程的人工、材料和机械台班等消耗指标及费用标准，需要将建筑装饰工程预算定额项目按一定的顺序，分章、节、项和子目汇编成册，称为"装饰工程预算定额手册"等类似名称。建筑装饰工程预算定额的主要组成结构如表12-1所示。

表12-1　　建筑装饰工程预算定额组成结构

建筑装饰工程预算定额	预算定额总说明	
	分部工程及其说明	
	定额项目表	说　明
		工程量计算规则
		分项工程定额表
	定额附录	

从表12-1中可以看出，建筑装饰工程预算定额的主要内容是分项工程定额表。

以现行的《江苏省建筑与装饰工程计价定额》（2014年）为例，分上、下两册，一共1000多页，分项工程定额表占其中的90%以上。其中，前十二章为建筑工程的内容，装饰工程定额项目表内容主要集中于第十三章至第十七章。表12-2为现行的《江苏省建筑与装饰工程计价定额》（2014年）的主要内容。

表12-2　　　　《江苏省建筑与装饰工程计价定额》（2014年）的主要内容

章节	分部工程名称	备注	章节	分部工程名称	备注
	总说明		第十三章	楼地面工程	
第一章	土、石方工程		第十四章	墙柱面工程	
第二章	地基处理及边坡支护工程		第十五章	天棚工程	
第三章	桩基工程		第十六章	门窗工程	
第四章	砌筑工程		第十七章	油漆、涂料、裱糊工程	
第五章	钢筋工程		第十八章	其他零星工程	
第六章	混凝土工程	建筑工程	第十九章	建筑物超高增加费用	装饰工程
第七章	金属结构工程		第二十章	脚手架工程	
第八章	构件运输及安装工程		第二十一章	模板工程	
第九章	木结构工程		第二十二章	施工排水、降水	
第十章	屋面及防水工程		第二十三章	建筑工程垂直运输	
第十一章	保温、隔热、防腐工程		第二十四章	场内二次搬运	
第十二章	厂区道路及排水工程				

1. 预算定额总说明的内容

（1）该预算定额的适用范围、指导思想、目的及作用；

（2）该预算定额的编制原则、主要依据等；

（3）使用本定额必须遵守的规则、材质标准、允许换算的原则；

（4）该预算定额的编制过程中已考虑的、未考虑的因素及未包括的内容。

现以《江苏省建筑与装饰工程计价定额》（2014年）总说明中与装饰工程有关的内容为例进行说明（以下为原文摘选引用）。

一、为了贯彻执行住房和城乡建设部《建设工程工程量清单计价规范》（GB 50500—2013）以及《房屋建筑与装饰工程工程量计算规范》（GB 50854—2013），适应江苏省建设工程市场计价的需要，为工程建设各方提供计价依据，省住房和城乡建设厅组织有关人员对《江苏省建筑与装饰工程计价表》进行了修订，形成了《江苏省建筑与装饰工程计价定额》（2014年）（以下简称本定额）。本定额共分上下两册。

二、本定额适用于江苏省行政区域范围内一般工业与民用建筑的新建、扩建、改建工程及其单独装饰工程。国有资金投资的建筑与装饰工程应执行本定额；非国有资金投资的建筑与装饰工程可参照使用本定额；当工程施工合同约定按本定额规定计价时，应遵守本定额的相关规定。

三、本定额的编制依据：

1. 《江苏省建筑与装饰工程计价表》；

2. 《全国统一建筑工程基础定额》；

3. 《全国统一建筑装饰装修工程消耗量定额》（GYD-901—2002）；

4. 《建设工程劳动定额 建筑工程》[LD/T 72.1~11—2008]；

5. 《建设工程劳动定额 装饰工程》[LD/T 73.1~4—2008]；

6. 《全国统一建筑安装工程工期定额》（2000年）；

7. 《全国统一施工机械台班费用编制规则》；

8. 南京市2013年下半年建筑工程材料指导价格。

四、本定额的作用：

1. 编制工程招标控制价（最高投标限价）的依据；

2. 编制工程标底、结算审核的指导；

3. 工程投标报价、企业内部核算、制定企业定额的参考；

4. 编制建筑工程概算定额的依据；

5. 建设行政主管部门调解工程价款争议、合理确定工程造价的依据。

五、本定额由24章及9个附录组成，包括一般工业与民用建筑的工程实体项目和部分措施项目；不能列出定额项目的措施费用，应按照《江苏省建设工程费用定额》（2014年）的规定进行计算。

六、本定额中的综合单价由人工费、材料费、机械费、管理费、利润五项费用组成。一般建筑工程、打桩工程的管理费与利润，已按照三类工程标准计入综合单价内；一、二类工程和单独发包的专业工程应根据《江苏省建设工程费用定额》（2014年）规定，对管理费和利润进行调整后计入综合单价内。定额项目中带括号的材料价格供选用，不包含在综合单价内。部分定额项目在引用了其他项目综合单价时，引用的项目综合单价列入材料费一栏，但其五项费用数据在项目汇总时已做拆解分析，使用中应予注意。

七、本定额是按在正常的施工条件下，结合江苏省颁发的地方标准《江苏省建筑安装工程施工技术操作规程》（DGJ 32/27~52—2006）、现行的施工及验收规范和江苏省颁发的部分建筑构、配件通用图做法进行编制。

八、本定额的装饰项目是按中档装饰水准编制的，设计四星及四星级以上宾馆、总统套房、展览馆及公共建筑等对其装修有特殊设计要求和较高艺术造型的装饰工程时，应适当增加人工，增加标准在招标文件或合同中明确，一般控制在10%以内。

九、家庭室内装饰可以执行本定额，执行本定额时其人工乘以系数1.15。

十、本定额中未包括的拆除、铲除、拆换、零星修补等项目，应按照《江苏省房屋修缮工程计价表》（2009年）及其配套费用定额执行；未包括的水电安装项目按照《江苏省安装工程计价定额》（2014年）及其配套费用定额执行。因本定额缺项而使用其他专业定额消耗量时，仍按本定额对应的费用定额执行。

十一、本定额中规定的工作内容均包括完成该项目过程的全部工序以及施工过程中所需的人工、材料、半成品和机械台班数量。除定额中有规定允许调整外，其余不得因具体工程的施工组织设计、施工方法和工、料、机等耗用与定额有出入而调整定额用量。

……

十三、本定额人工工资分别按一类工85.00元/工日、二类工82.00元/工日、三类工77.00元/工日计算。每工日按八小时工作制计算。工日中包括基本用工、材料场内运输用工、部分项目的材料加工及人工幅度差。

……

十五、本定额的垂直运输机械费已包含了单位工程在经江苏省调整后的国家定额工期内完成全部工程项目所需要的垂直运输机械台班费用。

……

十七、本定额中，除脚手架、垂直运输费用定额已注明其适用高度外，其余章节均按檐口高度在20m以内编制的。超过20m时，建筑工程另按建筑物超高增加费用定额计算超高增加费，单独装饰工程则另外计取超高人工降效费。

……

二十、钢材理论质量与实际质量不符时，钢材数量可以调整，调整系数由施工单位提出资料与建设单位、设计单位共同研究确定。

二十一、现场堆放材料有困难，材料不能直接运到单位工程周边需再次中转，建设单位不能按正常合理的施工组织设计提供材料、构件堆放场地和临时设施用地的工程而发生的二次搬运费用，按第二十四章子目执行。

二十二、工程施工用水、电，应由建设单位在现场装置水、电表，交施工单位保管使用，施工单位按电表读数乘以单价付给建设单位；如无条件装表计量，由建设单位直接提供水电，在竣工结算时按定额含量乘以单价付给建设单位。生活用电按实际发生金额支付。

二十三、同时使用两个或两个以上系数时，采用连乘方法计算。

二十四、本定额的缺项项目，由施工单位提出实际耗用的人工、材料、机械含量测算资料，经工程所在市工程造价管理处（站）批准并报江苏省建设工程造价管理总站备案后方可执行。

二十五、本定额中凡注有"×××以内"均包括"×××"本身，"×××以上"均不包括"×××"本身。

上述总说明的内容可以证明定额的科学严谨性、实践性及法令性等特点。除此之外，总说明还包括建筑面积计算规则、工程费用计算规则和分部工程及其说明等内容，其中，工程费用计算规则和分部工程及其说明两部分内容，将在其他章节学习。

2. 定额项目表

定额项目表由分项工程定额组成，它是预算定额的主要组成部分，包括以下内容。

（1）分项工程定额编号（子目号）。
在进行建筑装饰施工图预算时，必须填写定额编号，便于查阅、核对和审查定额项目选套是否准确合理，提高建筑装饰工程施工图预算的编制质量。同时，应用装饰预算软件还能节省大量的预算编制时间。定额编号的方法，通常为"二符号"编号法，即采用定额中的分部工程序号加子项目序号两个号码进行定额编号。其表达形式为"分部工程序号–子项目序号"。

例如，《江苏省建筑与装饰工程计价定额》（2014年）中，钢骨架上干挂石材块料面板墙面属于装饰工程项目，在定额中是第十四章的内容，钢骨架上干挂石材块料面板墙面在第十四章排在第136个子项目，则其定额编号为14–136，其对应的综合单价为4270.96元/10m²。

（2）分项工程定额名称。

（3）预算价格（基价），一般包括人工费、材料费、机具费。

（4）人工表现形式，包括工种、工日数量。

（5）材料表现形式，一般包括主要材料名称及消耗数量，次要材料一般都归为其他材料形式，用金额"元"表示。

（6）施工机械表示形式。

（7）预算定额的单价，包括人工费、材料和机械台班单价。这部分是预算定额的核心内容。

以《江苏省建筑与装饰工程计价定额》（2014年）中地砖这项工程的预算定额为例，见表12-3。

表12-3　　　　　　　　　　　　　地砖、橡胶塑料板　　　　　　　　　　　　　单位：10m²

定额编号				13-83		13-84		13-85		13-86	
项目		单位	单价	楼地面单块0.4m²以内地砖				楼地面单块0.4m²以外地砖			
				水泥砂浆		干粉型黏结剂		水泥砂浆		干粉型黏结剂	
				数量	合价	数量	合价	数量	合价	数量	合价
综合单价		元		979.32		1189.18		970.83		1177.20	
其中	人工费	元		281.35		301.75		275.40		293.25	
	材料费	元		588.83		770.74		588.67		770.58	
	机具费	元		3.68		3.68		3.55		3.55	
	管理费	元		71.26		76.36		69.74		74.20	
	利润	元		34.20		36.65		33.47		35.62	
	一类工	工日	85.00	3.31	281.35	3.55	301.75	3.24	275.40	3.45	293.25
材料	06650101 同质地砖	m²	50.00	10.20	510.00	10.20	510.00	10.20	510.00	10.20	510.00
	80010123 水泥砂浆1：2	m³	275.64	0.051	14.06			0.051	14.06		
	80010125 水泥砂浆1：3	m³	239.65	0.202	48.41	0.202	48.41	0.202	48.41	0.202	48.41
	80110303 素水泥浆	m³	472.71	0.01	4.73			0.01	4.73		
	04010701 白水泥	kg	0.70	1.00	0.70	2.00	1.40	1.00	0.70	2.00	1.40
	12410163 干粉型黏结剂	kg	5.00			40.00	200.00			40.00	200.00
	03652403 合金钢切割锯片	片	80.00	0.027	2.16	0.027	2.16	0.025	2.00	0.025	2.00
	05250502 锯（木）屑	m³	55.00	0.06	3.30	0.06	3.30	0.06	3.30	0.06	3.30
	31110301 棉纱头	kg	6.50	0.10	0.65	0.10	0.65	0.10	0.65	0.10	0.65
	31150101 水	m³	4.70	0.26	1.22	0.26	1.22	0.26	1.22	0.26	1.22
	其他材料费	元			3.60		3.60		3.60		3.60
机械	99050503 灰浆搅拌机 拌筒容量200L	台班	122.64	0.017	2.08	0.017	2.08	0.017	2.08	0.017	2.08
	99230127 石料切割机	台班	14.69	0.109	1.60	0.109	1.60	0.10	1.47	0.10	1.47

注：①工作内容：清理基层、锯板磨细、贴地砖、擦缝、清理净面、调制水泥砂浆、刷素水泥砂浆、调制黏结剂。
　　②当地面遇到弧形墙面时，其弧形部分的地砖损耗可按实调整，并按弧形图示尺寸每10m增加切贴人工0.3工日。

从表12-3可以看出，定额编号为13-83的分项工程名称为"水泥砂浆粘贴单块0.4m²以内地砖"，其综合基价为979.32元/10m²，由人工费、材料费、机具使用费、管理费和利润五部分构成。其中，人工费、材料费和机具使用费为施工实际消耗量，管理费和利润分别以人工费与机具使用费的和作为基数，乘以各自的费率得来（管理费的费率为25%，利润的费率为12%）。表格的下半部分是对上半部分的详细解释，即人工费的工种为一类工，数量为3.31工日；材料主要由主材10.20m²同质地砖以及0.051m³的1：2水泥砂浆、0.202m³的1：3水泥砂浆、0.01m³的素水泥浆、1kg白水泥、0.10kg棉纱头、0.06m³

的锯（木）屑、0.027片合金钢切割锯片和0.26m³的水等辅材组成，其他零星材料费综合为3.60元/10m²；施工机具费消耗很小，主要为灰浆搅拌机和石料切割机。一类工和各材料、机械的数量和单价均已给出，根据公式：数量×单价=合价，可以算出人工费、材料费和机具费，或者其中任一材料和机械的费用。

通过定额表可以看出，直接消耗在工程实体上的费用仅为人工费、材料费和机具使用费，即直接工程费，其余费用全部是在直接工程费的基础上衍生出来的。通过对定额表的识读可以得出如下公式：

合价=数量×单价

直接工程费=人工费+材料费+机具使用费

综合单价=人工费+材料费+机具使用费+管理费+利润

管理费=（人工费+机具使用费）×费率

利润=（人工费+机具使用费）×费率

3. 定额附录（或附表）的内容

组成预算定额的最后一部分是附录，是配合定额使用的不可缺少的重要组成部分。一般包括以下内容：

（1）各种不同标号、不同体积比的砂浆、装饰油漆等多种原材料组成的配合比材料用量表；

（2）各种材料成品或半成品操作损耗系数表；

（3）常用的建筑材料名称及规格换算表；

（4）材料、机械综合取费价格表。

二、定额的应用

1. 定额的直接套用

当施工图设计的工程项目内容，与所选套的相应定额内容一致时，必须按定额的规定直接套用。在编制建筑装饰工程施工图预算、选套定额项目和确定分部分项工程费时，大多属于这种情况。

直接套用定额项目的步骤如下。

a. 根据施工图设计的工程项目内容，从定额目录中查出该工程项目所在的位置。

b. 判断施工图设计的工程项目内容与定额规定的内容是否一致。当完全一致，或者虽然不一致，但定额规定不允许换算或调整时，即可直接套用定额综合单价。在套用定额综合单价前，必须注意分项工程的名称、规格、计量单位要与定额规定的相一致。

c. 将定额编号和综合单价，包括人工费、材料费、机具使用费、管理费和利润等，分别填入建筑装饰工程预算表内。应用软件编制计价资料时，只需输入定额编号，所有相关内容就会自动跳出，在给定工程量的情况下，还能够自动进行合价的计算。

[例12-1] 一传达室长6m，宽5m，地面采用水泥砂浆粘贴800mm×800mm同质地砖。

（1）计算该项工程所需的定额人工费和人工数量。

（2）计算该项工程所需的定额材料费和主材用量。

（3）计算该项工程所得的利润。

（4）计算该项工程的直接工程费。

（5）计算该地面铺设工程的综合单价。

（6）计算该地面铺设工程的分项工程费。

【解】

从《江苏省建筑与装饰工程计价定额》（2014年）目录中查出，楼地面工程为第十三章，地砖属于块料面层，应在第十三章第四部分中查找。在这一部分，同质地砖排在石材块料面层，石材块料面板多色简单图案拼贴，缸砖、马赛克、凹凸假麻石块三个项目之后，排在第四项。

800mm×800mm地砖每片面积0.64m^2，经过对照可知，水泥砂浆粘贴800mm×800mm同质地砖楼地面符合表12-3定额编号13-85规定的内容，即可直接套用定额项目。

从表12-3定额编号13-85查得单块0.4m^{2}以外地砖楼地面的综合单价包括人工费、材料费、机具费、管理费和利润，每10m^{2}综合单价为970.83元，其中人工费为275.40元，材料费为588.67元，机具费为3.55元，管理费为69.74元，利润为33.47元。

①计算该项工程所需的人工费和人工数量：

人工费=275.4÷10×30=826.20（元）

人工数量=3.24÷10×30=9.72（工日）

②计算该项工程所需的材料费和主材用量：

材料费=588.67÷10×30=1766.01（元）

主材用量=10.2÷（0.8×0.8）×30÷10≈48（块）

③计算该项工程所得的利润=33.47÷10×30=100.41（元）

④计算该项工程的直接工程费=（275.40÷10+588.67÷10+3.55÷10）×30=2602.86（元）

⑤计算该地面铺设工程的定额综合单价为970.83元/10m^2

⑥计算该地面铺设工程的分部分项工程费=970.83×30÷10=2912.49（元）

当施工图设计的工程项目内容与所选套的相应定额项目规定的内容不一致，而定额又规定不允许换算或调整时，也必须直接套用相应定额项目，不得随意换算或调整。

2. 定额的换算

如果施工图设计的工程项目内容没有完全对应的定额项目，不能直接套用定额时，就需要换算，即选用与工程内容最相接近的定额项目，套用时经过部分换算即可。定额的换算一般分为价格换算、材料换算和系数换算。

1）价格换算

预算定额已经给出了单位工程的数量额度和费用标准，但是定额中的人工、材料和机具使用费的单价是在某一时间段内给定的预算价，其实际价格会随着市场情况不断变化。这样一来，实际单价与定额预算价之间就出现了价差，导致预算工程造价与实际工程造价之间出现差额，会直接影响到业主与承包商的经济利益。所以，为了准确计算出工程造价，要根据市场行情，采用当时当地的人工单价、各种材料单价和机械台班单价，结合定额的数量标准，重新分析各分部分项工程的综合单价。一般分为人工单价换算、材料单价换算和机械台班单价换算。实际预算中，以上三种单价的换算往往会同时用到。

[**例12-2**] 一传达室长6m，宽5m，地面采用水泥砂浆粘贴800mm×800mm同质地砖。其中，地砖以现在的市场价50元/块，人工以现在的市场价100元/工日计。

（1）计算该项工程所需的定额人工费和人工数量。
（2）计算该项工程所需的定额材料费和主材用量。
（3）计算该项工程所得的利润。
（4）计算该项工程的直接工程费。
（5）计算该地面铺设工程的综合单价。
（6）计算该地面铺设工程的分项工程费。

【解】
根据《江苏省建筑与装饰工程计价定额》（2014年），套用表12-3定额编号13-85，结合人工和主材市场价进行下列计算：

①计算该项工程所需的人工费和人工数量：
人工数量=3.24÷10×30=9.72（工日）
人工费=3.24÷10×100×30=972（元）
或者：人工费=9.72×100=972（元）
②计算该项工程所需的材料费和主材用量：

主材用量=10.2÷（0.8×0.8）×30÷10=47.81（块）≈48（块）
材料费=[588.67-510+50×10.2÷（0.8×0.8）]×30÷10=2626.64（元）
③该项工程所得的利润=（3.24÷10×100+3.55÷10）×0.12×30=117.92（元）
④计算该项工程的直接工程费=972+2626.64+3.55×30÷10=3609.29（元）
或者=[324+588.67-510+50×10.2÷（0.8×0.8）+3.55]×30÷10=3609.29（元）
⑤该地面铺设工程的定额综合单价=10×3609.29÷30+（324+3.55）×（0.12+0.25）=1324.29（元/10m²）
或者= [324+588.67-510+50×10.2÷（0.8×0.8）+3.55]+（324+3.55）×（0.12+0.25）=1324.29（元/10m²）
⑥计算该地面铺设工程的分部分项工程费=1324.29÷10×30=3972.87（元）

采用手算或者机算，这两种方式计算出的综合单价、工程造价之间可能存在差异，与小数点后的位数多少有关，均属正常现象。

2）材料换算

性质相似、材料大致相同、施工方法又很接近的定额项目，可以采用材料换算法进行计算。

[**例12-3**] 某库房长8m，宽5m，需在其混凝土地面上做20mm厚1∶2防水砂浆找平层，试计算该项目的综合单价。

【解】
根据《江苏省建筑与装饰工程计价定额》（2014年），从中查得（表12-4），编号13-15的定额项目为混凝土或硬基层抹水泥砂浆找平层。经过对比可知，该项目与13-15定额规定的内容最相似，该项目所用砂浆为1∶2防水砂浆，而13-15定额项目中砂浆为1∶3水泥砂浆，故不可直接套用定额项目。根据相关规定，该项目预算需要进行材料换算。将定额项目中20mm厚1∶3水泥砂浆换算为20mm厚1∶2防水砂浆，相应的材料单价也需同时换算。

查得所用到1∶2防水砂浆的单价为414.89元/m³，

根据定额计算10m²的混凝土基层抹20mm厚1：2防水砂浆的综合单价为：

综合单价=130.68-48.69+0.202×414.89=165.80（元/10m²）

3）系数换算

性质相似、材料大致相同、施工方法又很接近的定额项目，也采用一定系数进行换算。应用此种方法时应注意，要在施工实践中加以观察和测定，同时也为今后新编定额、补充定额项目做准备。

表12-4　　　　　　　　　　　　　　　　　　　找平层　　　　　　　　　　　　　　　　　计量单位：10m²

定额编号				13-15		13-16		13-17	
项目		单位	单价	水泥砂浆（厚20mm）					
				混凝土或硬基层上		在填充材料上		厚度每增（减）5mm	
				数量	合价	数量	合价	数量	合价
综合单价		元		130.68		163.84		28.51	
其中	人工费	元		54.94		68.88		10.66	
	材料费	元		48.69		60.91		12.22	
	机具费	元		4.91		6.25		1.23	
	管理费	元		14.96		18.78		2.97	
	利　润	元		7.18		9.02		1.43	
二类工		工日	82.00	0.67	54.94	0.84	68.88	0.13	10.66
材料	80010125　水泥砂浆1：3	m³	239.65	0.202	48.41	0.253	60.63	0.051	12.22
	31150101　水	m³	4.70	0.06	0.28	0.06	0.28		
机械	99050503　灰浆搅拌机拌筒容量200L	台班	122.64	0.04	4.91	0.051	6.25	0.01	1.23

注：工作内容为清理基层、调运砂浆、抹平、压实。

[例12-4] 一教室长8m，宽6m，地面先进行15mm厚水泥砂浆找平后，用水泥砂浆粘贴600mm×600mm同质地砖。如果市场价人工费为110元/工日，地砖按市场价50元/块计价，试分别计算：

（1）该项工程的人工数量。

（2）该项工程的材料费。

（3）该项工程的利润。

（4）该项工程的综合单价。

（5）完成该项目的综合单价分析表。

【解】

①根据定额编号13-15、13-17，找平层人工数量=0.67-0.13=0.54（工日/10m²）

根据定额编号13-83地砖楼地面人工数量：3.31工日/10m²

该项工程的人工数量：（3.31+0.54）×6×8÷10=18.48（工日）

②根据定额编号13-15、13-17，找平层材料费=48.69-12.22=36.47（元/10m²）

根据定额编号13-83地砖楼地面材料费=588.83-510+50×10.2÷0.36=1495.50（元/10m²）

该项工程的材料费=（36.47+1495.5）×6×8÷10=7353.46（元）

③该项工程的人工费=18.48×110=2032.80（元）

该项工程的机具费=（3.68+4.91-1.23）×6×8÷10=35.33（元）

该项工程的利润=（2032.80+35.33）×12%=248.18（元）

④该项工程的管理费=（2032.80+35.33）×25%=517.03（元）

⑤该项工程的综合单价=2032.80+7353.46+35.33+517.03+248.18=10187÷4.8=2122.2（元/10m²），如表12-5所示。

表12-5 工程量清单综合单价分析表

项目编码	020102002001		项目名称		块料楼地面	计量单位		m²

清单综合单价组成明细

定额编号	定额名称	定额单位	数量	单价					合价				
				人工费	材料费	机具费	管理费	利润	人工费	材料费	机具费	管理费	利润
13-15	混凝土上20mm厚水泥砂浆找平	10m²	0.1	73.7	48.69	4.91	19.65	9.43	7.37	4.87	0.49	1.97	0.94
13-17	混凝土上水泥砂浆找平±5mm	10m²	-0.1	14.3	12.22	1.23	3.88	1.86	-1.43	-1.22	-0.12	-0.39	-0.19
13-83	单块0.4m²以内地砖楼地面	10m²	0.1	364.1	1495.5	3.68	91.95	44.13	36.41	149.55	0.37	9.19	4.41
综合人工工日		小计							42.35	153.20	0.74	10.77	5.17
0.385工日		未计价材料费							0				
清单项目综合单价									212.22				

主要材料名称、规格、型号	单位	数量	单价/元	合价/元	暂估单价/元	暂估合价/元
同质地面砖	m²	1.02	138.89	141.67		
水泥砂浆1:2	m³	0.0051	275.64	1.41		
水	m³	0.032	4.7	0.15		
水泥砂浆1:3	m³	0.0353	239.65	8.46		
素水泥浆	m³	0.001	472.71	0.47		
白水泥	kg	0.1	0.7	0.07		
棉纱头	kg	0.01	6.5	0.07		
锯（木）屑	m³	0.006	55	0.33		
合金钢切割锯片	片	0.0027	80	0.22		
其他材料费				0.36	0.36	
材料费小计				153.20		

(材料费明细)

3. 套用补充定额项目

补充定额项目的出现由定额的相对稳定性决定。在实施施工图纸设计的某些工程项目时，经常会出现新材料、新工艺、新结构、新构造等的使用，在编制预算定额时尚未将其考虑在内，而且也没有类似的定额项目可供借鉴。为了保证建筑装饰工程设计与施工的质量，确定合理的建筑装饰工程造价，必须编制补充定额项目，报请工程造价管理部门审批同意后方可执行。套用补充定额时，应在定额编号的分部工程序号旁边注明"补"字，如"省补14-3"等。

4. 套用定额时应注意的几个问题

a. 查阅定额前，要认真阅读定额总说明、分部工程说明以及有关附注的内容，熟悉和掌握有关定额的适用范围、定额中已考虑和未考虑的因素以及有关规定。

b. 认真阅读定额各章说明及有关附录附表的相关内容，透彻理解各章定额子目的具体适用条件及相关配套使用的规定，要理解定额中的用语以及符号的含义。

c. 浏览各章定额子目，建立对定额项目划分及计量单位的初步认知框架；认真阅读定额子目的工作内

第十二章 建筑装饰工程预算定额及应用

容，将工作内容与定额子目密切联系起来。通过使用定额子目和阅读定额子目中人工消耗量、材料消耗量和机械台班消耗量的相关信息，进一步加深对各定额子目的关系的了解，在熟悉施工图的基础上，准确、迅速地计算出每个子目的合价。

d. 要熟练掌握各分项工程的工程量计算规则。在掌握工程量计算规则及进行工程量计算时，只有熟悉定额子目及所包含的工作内容，才能使工程量的计算在合理划分项目的前提下进行，保证工程量计算与定额子目相对应，做到不重算、不漏算。

e. 要明确定额换算范围，正确应用定额附录资料，熟练地进行定额项目的换算与调整。

课后练习

一、单选题

1. 我国现行的工程量清单规范规定，预算单价采用（　　）。
   A. 人工费单价　　　　　B. 工料单价
   C. 全费用单价　　　　　D. 综合单价

2. 某化验室面积为20m²，干粉型黏结剂铺贴地砖，规格为400mm×400mm，其定额综合单价为（　　）。
   A. 1189.18元/10m²　　B. 395.05元/m²
   C. 3160.4元/m²　　　D. 3160.4元/10m²

3. 综合单价中没有包括的费用是（　　）。
   A. 措施费　　　　　　　B. 管理费
   C. 利润　　　　　　　　D. 材料费

4. 定额编号为13-99的项目，其代表的工程项目属于（　　）。
   A. 天棚工程　　　　　　B. 墙、柱面工程
   C. 楼地面工程　　　　　D. 油漆、涂料工程

5. 做在隔音材料上的厚度为25mm的水泥砂浆找平层，其定额综合单价为（　　）。
   A. 163.84元/10m²　　B. 159.19元/10m²
   C. 130.68元/10m²　　D. 192.35元/10m²

6. 涂料定额是按常规品种编制的，设计用的品种与定额不符时，应该（　　）。
   A. 甲乙双方协商确定
   B. 涂料及其单价可以换算，其余不变
   C. 直接套用定额
   D. 所有材料单价都须换算

7. 一教室长8.5m，宽6.8m，地面采用水泥砂浆铺贴地砖，规格为600mm×600mm，其定额人工费为（　　）。
   A. 281.35元　　　　　B. 1626.21元
   C. 275.40元　　　　　D. 1591.81元

8. 某展厅长27m，宽16m，地面全部用水泥砂浆普通800mm×800mm地砖，利润一共为1950元，试推算其人工单价为（　　）。
   A. 115元/工日　　　　B. 120元/工日
   C. 125元/工日　　　　D. 130元/工日

9. 预算定额中综合单价的核心内容不包括（　　）。
   A. 人工费　　　　　　　B. 材料费
   C. 机具使用费　　　　　D. 管理费

10. 1200mm×1200mm的石材楼地面铺贴项目中，材料费所占比例为（　　）。
    A. 50%左右　　　　　B. 60%左右
    C. 70%左右　　　　　D. 80%左右

11. 图书馆大厅面积为80m²，水泥砂浆铺800mm×800mm地砖，其定额综合单价为（　　）。
    A. 970.83元/10m²　　B. 395.05元/m²
    C. 3160.40元/m²　　D. 3160.40元/10m²

12. 宿舍楼大厅面积为70m²，水泥砂浆铺800mm×800mm地砖，其辅材价格为（　　）。
    A. 510.00元　　　　　B. 588.67元
    C. 3570.00元　　　　　D. 708.03元

二、多选题

1. 现行的建筑与装饰工程计价表中，主要包括的内容有（　　）。
   A. 预算定额总说明　　　B. 分部工程及其说明
   C. 工程量清单规范　　　D. 定额项目表
   E. 定额附录

2. 下列包含在综合单价里的有（　　）。
   A. 管理人员的工资
   B. 乳胶漆喷涂机的费用
   C. 垃圾清运工人的工资
   D. 工程的利润
   E. 技术人员的培训费

3. 社会保障费的计算基数不包括（　　）。
   A. 分部分项工程费　　　B. 措施费
   C. 其他项目费　　　　　D. 规费
   E. 税金

4. 分部分项定额表包括的内容有（　　）。
   A. 工程量计算规则　　　B. 工作内容
   C. 主要材料用量表　　　D. 定额编号

E. 必要的措施费
5. 下列哪项费用的变化会直接引起企业管理费的变化：（　　）。
   A. 人工费　　　　　　B. 社会保障费
   C. 材料费　　　　　　D. 机具使用费
   E. 措施费
6. 下列说法错误的有（　　）。
   A. 装饰工程预算定额是编制装饰工程施工组织设计、进度计划的依据
   B. 最常用的定额使用方法为直接套用定额
   C. 《全国统一建筑工程基础定额》是各地方定额的编制依据
   D. 定额中人工表现形式包括工日数量，不包括工种
   E. 建筑装饰工程预算定额是建筑工程预算定额的组成部分

三、计算题

1. 一房间地面铺设600mm×600mm同质地砖，水泥砂浆粘贴，其工程量为16.4m²，试计算其人工费、人工数量、材料费、主材用量、机具费、管理费、利润及该项工程的直接工程费。

2. 一房间地面铺设600mm×600mm同质地砖，水泥砂浆粘贴，其工程量为16.4m²。如果按照市场价人工费为120元/工日、地砖市场价为40元/块计价，试计算该项工程的综合单价。

3. 一房间长8m，宽6.4m，地面先做15mm厚水泥砂浆找平，再用水泥砂浆粘贴铺设800mm×800mm地砖。按照市场价人工费为120元/工日，地砖市场价为80元/块计价。

（1）计算该项工程所需的定额人工费和人工数量。

（2）计算该项工程所需的定额材料费和主材用量。

（3）计算该项工程所得的利润。

（4）计算该项工程的直接工程费。

（5）计算该地面铺设工程的综合单价。

（6）计算该地面铺设工程的分项工程费。

四、讨论题

查阅装饰工程相关的纠纷，讨论总结其原因，并且列出造价人员工作中的注意事项。

第十三章　室内装饰工程费用计算

我国现行计价模式为工程量清单计价模式，在此模式下，建筑工程的费用统一由五部分组成，即分部分项工程费用、措施项目清单费用、其他项目费用、规费和税金。如表13-1所示。

表13-1　　　　　　工程量清单计价模式下建筑工程费用组成表

序号	费用名称		计算公式	备注
一	分部分项工程费用		工程量×综合单价	
	其中	1. 人工费	计价表人工消耗量×人工单价	
		2. 材料费	计价表材料消耗量×材料单价	
		3. 机具费	计价表机具消耗量×机具单价	
		4. 企业管理费	（1+3）×费率	
		5. 利润	（1+3）×费率	
二	措施项目清单费用		分部分项工程费×费率 或综合单价×工程量	
三	其他项目费用			
四	规费			
	其中	1. 工程排污费	（一+二+三）×费率	按规定计取
		2. 社会保障费		
		3. 住房公积金		
五	税金		（一+二+三+四）×费率	按当地规定计取
六	工程造价		一+二+三+四+五	

一、工程费用计算规则

以江苏省建筑与装饰工程费用计算规则为例，其中与装饰工程定额有关的内容大致如下：

（1）为了切实保护人民生产生活的安全，保证安全和文明施工措施落实到位，现场安全文明施工措施费属于不可竞争费用（即不能为了竞争而减免的费用），建设单位不得任意压低费用标准，施工单位不得让利。此项费用的计取由各市工程造价管理部门根据工程实际情况予以核定并进行监督，未经核定不得计取。

（2）不可竞争费包括：
①现场安全文明施工措施费；
②工程定额测定费；
③安全生产监督费；
④建筑管理费；
⑤劳动保险费；
⑥税金；

⑦有关部门批准的其他不可竞争费用。

以上不可竞争费在编制标底或投标报价时均应按规定计算，不得让利或随意调整计算标准。

（3）措施项目费原则上由编标单位或投标单位根据工程实际情况分别计算。除了不可竞争费必须按规定计算外，其余费用均作为参考标准。

（4）管理费和利润统一以人工费加机具使用费为计算基础。

建筑与装饰工程造价由分部分项工程费、措施项目费、其他项目费、规费和税金组成。

通过对上述表格识读，可以得出如下公式：
工程造价=分部分项工程费+措施项目费+其他项目费+规费+税金

分部分项工程费=工程量×综合单价

=工程量×（人工费+材料费+机具使用费+管理费+利润）

=∑人工费+∑材料费+∑机具使用费+∑管理费+∑利润

即（a+b+c+d+e）×X=A+B+C+D+E

（其中，a代表单位工程的人工费，b代表单位工程的材料费，c代表单位工程的机具使用费，d代表单位工程的管理费，e代表单位工程的利润；A代表工程项目总的人工费，B代表工程项目总的材料费，C代表工程项目总的机具使用费，D代表工程项目总的管理费，E代表工程项目总的利润）

措施项目费=分部分项工程费×费率

或者：措施项目费=措施费工程量×措施费综合单价

规费=（分部分项工程费+措施项目费+其他项目费）×费率

税金=（分部分项工程费+措施项目费+其他项目费+规费）×费率

（说明：其中大部分项目没有其他项目费，或者可根据工程项目特点由甲乙双方协商而定）

二、工程费用计算案例

[例13-1] 一实训室长10m，宽7.5m，地面先进行15mm厚水泥砂浆找平后，用水泥砂浆粘贴800mm×800mm同质地砖。如果人工单价按市场价180元/工日、地砖单价按市场价90元/块计价，试为该项工程列表报价（其中现场安全文明施工费的费率为1.6%，临时设施费的费率为2.2%，社会保障费的费率为2.39%，住房公积金为0.38%，税率为3.44%）。

【解】

（1）计算工程量：

找平层和块料面层工程量S=10×7.5=75（m²）

（2）计算综合单价：

根据定额编号13-15、13-17、13-85进行计算。

单位面积人工数量=0.67-0.13+3.24=3.78（工日）

单位面积人工费=数量×单价=3.78×180=680.4（元）

单位面积主材地砖费用=10.2×90÷（0.8×0.8）=1434.375≈1434.38（元）

单位面积铺贴块料地砖材料费=588.67-510+1434.38=1513.05（元）

单位面积材料费=48.69-12.22+1513.05= 1549.52（元）

单位面积机具使用费=4.91-1.23+3.55=7.23（元）

单位面积管理费=（680.4+7.23）×12%= 82.5156≈82.52（元）

单位面积利润=（680.4+7.23）×25%=171.9075≈171.91（元）

综合单价=人工费+材料费+机具使用费+管理费+利润=680.4+1549.52+7.23+82.52+171.91=2491.58（元/10m²）

（3）计算分项工程费用：

分项工程费用=工程量×综合单价=75×2491.58÷10=18686.85（元）

（4）计算措施费：

已知本项目措施费包括1.6%的安全文明施工费，2.2%的临时设施费，根据公式可计算费用为：

安全文明费=分项工程费用×费率=18686.85×1.6%=298.96（元）

临时设施费=分项工程费用×费率=18686.85×2.2%=411.11（元）

或者可以直接计算措施费=分项工程费用×费率=18686.85×（1.6%+2.2%）=710.10（元）

（5）计算规费：

已知本项目规费包括2.39%的社会保障费，0.38%的住房公积金，根据公式可计算费用为：

社会保障费=（分项工程费用+措施费）×费率=（18686.85+710.10）×2.39%=463.59（元）

住房公积金=（分项工程费用+措施费）×费率=（18686.85+710.10）×0.38%=73.71（元）

或者可以直接计算规费=（分项工程费用+措施费）×费率=（18686.85+710.10）×（2.39%+0.38%）=537.30（元）

（6）计算税金：

已知本项目税率为3.44%，根据公式可计算费用为：

税金=（分项工程费用+措施费+规费）×费率=（18686.85+710.10+537.30）×3.44%=685.74（元）

（7）计算工程造价：

本项目工程造价=分项工程费用+措施费+规费+税金=18686.85+710.10+537.30+685.74=20619.99（元）

课后练习

一、单选题

1. 某装饰工程直接工程费为120万元，其中，人工费、材料费和机具使用费的比例为3∶8∶1，则其分部分项工程费为（　　）。
   - A. 120万元
   - B. 134.8万元
   - C. 150万元
   - D. 145.6万元

2. 下列费用中，不应该计入综合单价的费用是（　　）。
   - A. 利润
   - B. 计日工
   - C. 现场管理费
   - D. 企业管理费

3. 已知某装饰工程直接工程费为500万元，其中人工、材料、机具之比为3∶5∶2，措施费为120万元，其中人工、材料、机具之比为4∶4∶2，若该类工程以人工费为计算基础的间接费费率为80%，则该装饰工程的间接费为（　　）。
   - A. 48万元
   - B. 400万元
   - C. 120万元
   - D. 158.4万元

4. 根据江苏省清单计价法的规定，（　　）不属于措施项目费的内容。
   - A. 环境保护费
   - B. 低值易耗品摊销费
   - C. 临时设施费
   - D. 脚手架费

5. 地砖从楼下运至十九楼的费用属于（　　）。
   - A. 其他费用
   - B. 材料费
   - C. 管理费
   - D. 二次搬运费

6. 某项工程规费共8555.00元，其中工程排污费费率为0.2%，费用为1450.00元，税率为3.48%，则该项工程的造价为（　　）。
   - A. 759082.71元
   - B. 652308.08元
   - C. 442377.65元
   - D. 355270.86元

二、多选题

1. 建设工程费用中，不可竞争费包括（　　）。
   - A. 现场安全文明施工措施费
   - B. 工程定额测定费
   - C. 安全生产监督费
   - D. 检验试验费

E. 社会保障费

2. 工程量清单计价模式下，综合单价主要包括（　　）。
   - A. 企业管理费
   - B. 规费
   - C. 机具使用费
   - D. 材料费
   - E. 人工费

3. 工程量清单计价模式下，建设工程的费用包括（　　）。
   - A. 工程设计费
   - B. 措施项目清单费用
   - C. 其他项目费用
   - D. 规费和税金
   - E. 分部分项工程费用

4. 下列说法错误的有（　　）。
   - A. 装饰公司为了低价中标，可以适当降低工程定额测定费
   - B. 装饰公司为了低价中标，可以适当降低工程临时设施费
   - C. 装饰工程材料费变化不会影响社保费用的金额
   - D. 装饰工程材料费变化不会影响利润的金额
   - E. 已知某装饰工程的利润和材料费，可以计算出该工程的分部分项费用

三、计算题

一房间长8m，宽6.4m，地面先做15mm厚水泥砂浆找平，再用水泥砂浆粘贴铺设800mm×800mm地砖。如果按市场价人工费为120元/工日、地砖为80元/块计价，试为该项工程列表报价（其中现场安全文明施工费的费率为0.8%，临时设施费的费率为0.2%，社会保障费的费率为2.39%，住房公积金为0.38%，税率为3.44%）。

四、讨论题

1. 装饰工程造价中哪些费用为不可竞争费？
2. 装饰企业如何保证不可竞争费专款专用？
3. 为了保证不可竞争费专款专用，设计师、造价员及施工员需要做些什么？

第十四章　室内装饰工程量清单报价

清单即记载有关项目的明细单，工程量清单就是记载各分部分项工程量的明细单，工程量清单报价就是以给定的工程量明细单为依据进行工程报价。

室内装饰工程项目繁多复杂，想要精确计算出整个工程的费用，保证不重算、不漏算，通常需要将整个项目分到最小的分项工程，逐个计算各分项工程的费用，然后汇总得出整个分部工程的费用，再将各个分部工程费用汇总得出整个单位工程的费用。以此类推，最后准确得出整个工程项目的全部费用。

一、计价方法概述

建筑装饰工程计价方法分为定额计价法、工程量清单计价法和市场协商报价法三种。其中，工程量清单计价法是目前我国建筑行业通用的计价方法。以下将对前两种计价法进行主要介绍。

1. 定额计价法

在实行工程量清单计价法之前，我国一直实行定额计价法。定额计价法也称传统计价法，是指以工程项目的设计施工图纸、计价定额（概、预算定额）、费用定额、施工组织设计或施工方案等文件资料为依据计算和确定工程造价的一种计价模式。在我国实行计划经济的几十年里，建设单位和装饰企业按照国家的规定，都采用这种定额计价模式计算拟建工程项目的工程造价，并将其作为结算工程价款的主要依据。

在定额计价模式中，国家和政府作为运行的主体，以法定的形式进行工程价格构成的管理，而与价格行为密切相关的建筑装饰市场主体，发包人和承包人却没有决策权与定价权，其主体资格形同虚设，影响了发包人投资的积极性，抹杀了承包人生产经营的主动性。

2. 工程量清单计价法

改革开放以后，随着社会主义市场经济体制的建立和逐步完善，由政府定价的定额计价模式已不能适应我国建筑装饰市场的发展，更不能满足与国际接轨的需要。于是，工程量清单计价模式随着工程造价管理体系改革的深化应运而生，建筑产品的价格逐渐由国家指导价过渡到国家调控价。

工程量清单是指拟建工程的分部分项工程项目、措施项目、其他项目、零星工作项目的名称和相应数量的明细清单，由分部分项工程量清单、措施项目清单、其他项目清单、零星工作项目表等内容组成。工程量清单是招标文件和工程合同的重要组成部分，是编制招标工程控制价、投标报价、签订工程合同、调整工程量、支付工程进度款和办理竣工结算的依据。

为了规范建筑装饰工程投标报价的计价行为，统一装饰工程工程量清单的编制和计价方法，维护招标人和投标人的合法权益，促进建筑装饰工程的市场化进程，根据《中华人民共和国招标投标法》以及建设部颁发的《建筑工程施工发包与承包计价管理办法》《建设工程工程量清单计价规范》（以下简称《规范》）等一系列政策法规的规定，装饰工程招标投标中的投标报价活动开始全面推行装饰工程工程量清单计价的报价方法。即招标人必须按照《规范》的规定编制装饰工程工程量清单，并且列入招标文件中提供给投标人，投标人也必须按照《规范》的要求填报装饰工程工程量清单计价表，并据此进行投标报价。

3. 工程量清单计价的特点

1）强制性

工程量清单计价是由建设主管部门按照国家标准的强制性要求颁布的，规定全部使用国有资金或以国有资产投资为主的大中型建设工程应按计价规范的规定执行。同时，明确了工程量清单是建设工程招标文件的组成部分，并且规定了招标人在编制工程量清单时必须遵守的规则，即统一项目编码、统一项目名称、统一计量单位、统一工程量计算规则。

2）简化与实用性

在工程量清单项目及计算规则的项目名称上表现的是工程实体项目，项目名称明确清晰，计算规则简洁明了。特别还列有项目特征和工程内容，便于在编制工程量清单时确定具体的项目名称和投标报价。同时，统一提供工程量清单不仅简化了投标报价的计算过程，还减少了重复性劳动。

3）通用性

中国经济日益融入全球市场，我国相关企业海外投资和经营的项目也在增加，工程量清单计价可以与国际惯例接轨，有利于国内企业参与国际竞争，也有利于提高工程建设的管理水平。

4. 工程量清单计价的作用

1）给企业提供一个平等竞争的平台

采用施工图预算进行投标报价，由于设计图纸难免有些缺陷，加上不同施工企业的人员理解不一，导致计算出的工程量不同，报价更是相去甚远，容易产生纠纷。而工程量清单报价为投标者提供了一个平等竞争的条件，即相同的工程量，由企业根据自身的实力填报不同的单价。投标人的这种自主报价，可以将企业的优势体现到投标报价中，能够在一定程度上规范建筑市场秩序，确保工程质量。

2）满足市场经济条件下竞争的需要

招投标的过程就是竞争的过程，招标人提供工程量清单，投标人根据自身情况确定综合单价，利用综合单价和工程量逐项计算每个项目的合价，再分别填入工程量清单表内，计算出投标总价。单价成了决定性因素，定高了不能中标，定低了又要承担风险。单价的高低取决于企业管理水平和技术水平的高低。这种局面促成了企业在整体实力方面的竞争，有利于我国建设市场的快速发展。

3）有利于提高工程计价效率，能真正实现快速报价

采用工程量清单计价模式，是以招标人提供的工程量清单为统一平台，结合自身的管理水平与施工方案进行报价，促进了各投标人企业定额的完善和对工程造价信息的积累与整理，避免了传统计价方式下招标人与投标人在工程量计算上的重复工作，体现了现代工程建设中快速报价的要求。

4）有利于工程款的拨付和工程造价的最终结算

中标后，业主要与中标单位签订施工合同，中标价就是确定合同价的基础，投标清单上的单价就成了拨付工程款的依据。业主根据施工企业完成的工程量，可以很容易地确定进度款的拨付额。工程竣工后，业主也可以很容易就确定工程的最终造价，有效减少业主与施工单位之间的纠纷。

5）有利于业主对投资的控制

采用传统报价方式，业主对施工过程中因设计、工程量变更引起的工程造价的变化不敏感，往往等到竣工结算时，才知道这些变更对工程造价的影响有多大，但此时常常为时已晚。而采用工程量清单计价的方式则可对投资的变化一目了然，业主就能根据投资情况决定是否变更或进行方案比较，以确定最恰当的处理方法。

除上述作用以外，工程量清单计价还有利于实现"逐步建立以市场形成价格为主的价格机制"这一工程造价体制改革的目标，有利于将工程的"质"与"量"紧密结合起来，有利于业主获得最合理的工程造价，也有利于中标企业精心组织施工，控制成本，充分体现本企业的管理优势。

5. 定额计价方法与工程量清单计价方法的联系与区别

工程造价的计价就是按照规定的计算程序和方法，用货币的数量表示建设项目的价值。无论是定额计价方法还是工程量清单计价方法，它们的计价都是一种从下而上的分部组合计价方法，其原理都是将工程项目细分至最基本的构成单位——分项工程，用其工程量与相应单位相乘后汇总，即为整个工程的造价。但是，工程量清单计价方法与定额计价方法相比存在一些重大区别，具体如下。

1）两种模式体现了我国建设市场发展过程的不同阶段

我国建筑产品价格市场化经历了"国家定价—国家指导价—国家调控价"三个阶段。在工程定额计价模式下，工程价格直接由国家决定，或是由国家给出指导性标准，承包商可以在该标准允许的幅度内实现有限竞争。工程量清单计价模式则是在国家和有关部门的间接调控和监督下，由工程承包、发包双方根据工程市场中建筑产品的供求关系变化自主确定工程价格。

2）两种模式的主要计价依据及其性质不同

工程定额计价模式的主要依据是国家、省、有关专业部门制定的各种定额，具有指导性，定额的项目一般按施工工序划分，每个分项工程所含的工程内容一般是单一的。工程量清单计价模式的主要依据是现行有效的清单计价规范，其性质是含有强制性的国家标准。清单的项目划分一般是按"综合实体"进行分项，每个分项工程一般包含多项工程内容。

3）编制工程量的主体不同

工程定额计价模式下，工程量由招标人和投标人分别按图计算。清单计价模式下，工程量由招标人统一计算，或委托有关具有工程造价咨询资质的单位统一计算。

4）单价与报价的组成不同

定额计价法基本上是完全依赖传统的量价合一预算定额进行计算的，单价包括人工费、材料费和施工机具使用费。而清单计价法采用的是量价分离的制度，即综合单价由投标人自己填报，包括人工费、材料费、施工机具使用费、管理费和利润，并且考虑风险因素。综合单价的人工费、材料费和机具费计算依据为定额消耗量和市场单价，能够正确指导承发包双方计算工程造价。

5）适用阶段不同

工程定额主要用于项目建设前期各阶段对于投资的预测与估算，在工程建设交易阶段，工程定额通常只能作为建设产品价格形成的辅助依据，而工程量清单计价主要适用于合同价格形成以及后续的合同价格管理阶段。根据相关规定，确定最终的工程价格应遵循两个基本原则，一是合理低价中标，二是不能低于成本价。

6）合同价格的调整方式不同

工程定额计价模式的调整方式有：变更签证、定额解释和政策性调整。而工程量清单计价方法在一般情况下的单价是相对固定的，减少了合同实施过程中的调整活口，保证了其稳定性，也便于业主进行资金准备和筹划。

7）工程量清单计价把施工措施性消耗单独列出并纳入了竞争的范畴

定额计价未区分施工实体性损耗和施工措施性损耗，而工程量清单计价把施工措施与工程实体项目进行了分离，这项改革的意义在于突出了施工措施费的市场竞争性。

二、工程量清单的内容及格式

工程量清单是指拟建工程的分部分项工程项目、措施项目、其他项目、零星工作项目的名称和相应数量的明细清单，由分部分项工程量清单、措施项目清单、其他项目清单、零星工作项目表等内容组成。

建筑装饰工程量清单应满足清单计价规范的规定，现行规范为2013年7月1日开始施行的《建设工程工程量清单计价规范》（GB 50500—2013）[①]，其基本内容包括16个方面，需与各地费用定额配套使用。《建设工程工程量清单计价规范》（以下简称《规范》）中对工程量清单的格式进行了统一规定，其内容有：工程量清单封面、填表须知、工程量清单总说明、分部分项工程量清单、措施项目清单、其他项目清单和零星工作项目表。工程量清单的编写应由招标人完成，除以上规定的内容以外，招标人可根据具体情况进行补充。工程量清单主要有分部分项工程量清单、措施项目清单、其他项目清单三部分，其中分部分项工程量清单是核心。《规范》要求清单及相关文件须按统一的表格形式按顺序进行编制（说明：表格在实际中均为A4纸张）。

1. 工程量清单封面

招标人需在工程量清单封面上填写：拟建的工程项目名称、招标人（招标单位）法定代表人、中介机构法定代表人、造价工程师及注册证号、编制时间。

2. 工程量清单填表须知

招标人在编写工程量清单表格时，必须按照规定的要求完成。具体规定如下：

a. 工程量清单及其计价格式中所有要求签字、盖章的地方，必须由规定的单位和人员签字、盖章。

b. 工程量清单及其计价格式中的任何内容不得随意删除或涂改。

c. 工程量清单计价格式中列明的所有需要填报的单价和合价，投标人均应填报，未填报的单价和合价，视为此项费用已包含在工程量清单的其他单价及合价中。

3. 工程量清单总说明

工程量清单的总说明主要是招标人用于说明招标工程的工程概况、招标范围、工程量清单的编制依据、工程质量的要求、主要材料的价格来源等。

① 2025年9月1日起，开始实施新版《建设工程工程量清单计价标准》GB/T 50500—2024，届时可参考新版文件。

4. 分部分项工程量清单

分部分项工程量清单包括项目编码、项目名称、计量单位和工程数量四项内容。编制分部分项工程量清单，主要就是将设计图纸规定要实施完成的工程的全部对象、内容和任务等列成清单，列出分部分项工程的项目名称，计算出相应项目的实体工程数量，制作完成工程量清单表。

分部分项工程量清单应根据《规范》附录A、附录B、附录C、附录D、附录E规定的统一项目编码、统一项目名称、统一计量单位和统一工程量计算规则进行编制。

5. 措施项目清单

措施项目是指为了完成工程项目施工，发生于工程施工前和施工过程中的技术、生活、安全等方面的非工程实体的项目。在措施项目清单中应将这些非工程实体的项目逐一列出。

6. 其他项目清单

其他项目清单是指在分部分项工程清单和措施项目清单以外，该工程项目施工中可能发生的其他费用。工程建设标准的高低、工程的复杂程度、工程的工期长短、工程的组成内容等直接影响其他项目清单中的具体内容。其他项目清单分为招标人部分和投标人部分。招标人部分包括预留金、材料购置费等，投标人部分包括总承包服务费、零星工作项目费等。

建筑装饰工程量清单是招标文件的一部分，招标方报价应采用统一格式，此格式应随招标文件发送至投标人。投标人按此表格填好之后，将其作为投标书的一部分，在规定的时间内报送给招标机构。《规范》要求完整的工程量清单报价文件必须包括以下内容：

封-3 投标总价
表-01 总说明
表-04 单位工程投标报价汇总表
表-08 分部分项工程量清单与计价表
表-09 工程量清单综合单价分析表
表-10 措施项目清单与计价表（一）
表-11 措施项目清单与计价表（二）
表-11-1 措施项目清单综合单价分析表
表-12 其他项目清单与计价汇总表
表-12-1 暂列金额明细表

表-12-2 材料暂估价格表
表-12-3 专业工程暂估价表
表-12-4 计日工表
表-12-5 总承包服务费计价表
表-12-6 索赔与现场签证计价汇总表
表-13 规费、税金项目清单与计价表
表-15-1 发包人供应材料一览表
表-15-2 承包人供应主要材料一览表
甲供材料表

在编制投标报价文件时，上述所有表格都要按顺序装订成册，且封面必须有注册造价人员的签字和盖章才是有效的投标报价文件，才能作为投标文件的商务标部分。

需要注意的是，上述任何一个表格都不能少，即使没有数据，也要有相应的表格。其中，比较重要的表格有："表-04 单位工程投标报价汇总表""表-08 分部分项工程量清单与计价表""表-09 工程量清单综合单价分析表""表-13规费、税金项目清单与计价表"和"表-15-2 承包人供应主要材料一览表"等。

三、分部分项工程量清单编制

分部分项工程量清单应满足工程计价的要求，同时还应满足规范管理、方便管理的要求。通常要根据附录规定的项目编码、项目名称、项目特征、计量单位和工程量计算规则五个要素，按照"统一项目编码、统一项目名称、统一计量单位、统一工程量计算规则"四统一的原则进行编制。

1. 项目编码

分部分项工程量清单中的项目编码统一采用十二位数字表示，前9位为全国统一编码，在编制分部分项工程量清单时，应按《规范》中的规定设置，不得变动；10～12位是清单项目名称编码，应根据拟建工程的工程量清单项目名称由清单编制人设置，并应自001起顺序编制。格式如图14-1所示。

例如：项目编码为020101001001的工程项目是水泥砂浆楼地面中的某一类。
前两位数02表示装饰装修工程工程量清单项目；
（根据附录B：01——土建；02——装饰；03——安装；04——市政工程）

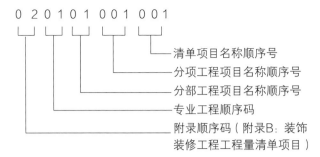

图14-1 十二位项目编码示意图

左侧标注（从上到下）：
- 清单项目名称顺序号
- 分项工程项目名称顺序号
- 分部工程项目名称顺序号
- 专业工程顺序码
- 附录顺序码（附录B：装饰装修工程工程量清单项目）

第三、四位数01表示楼地面工程；

（以楼地面工程例：01——楼地面工程；02——墙、柱面工程；03——天棚工程；04——门窗工程；05——油漆、涂料、裱糊工程；06——其他工程）

第五、六位数01表示整体面层；

（以楼地面工程例：01——整体面层；02——块料面层；03——橡塑面层；04——其他材料面层；05——踢脚线；06——楼梯装饰等9项）

第七、八、九位数001表示水泥砂浆楼地面；

（以整体面层为例：001——水泥砂浆楼地面；002——现浇水磨石；003——细石混凝土；004——菱苦土）

最后三位数001表示水泥砂浆楼地面。

（因厚度不同、材料不同或所处基层不同而分开列项，依次编码001、002、003等）

建筑装饰工程分部分项工程按规定由六部分组成：楼地面工程，墙柱面工程，天棚工程，门窗工程，油漆、涂料、裱糊工程和其他工程。

2．项目名称

确定项目名称时应考虑如下因素：

（1）施工图纸；

（2）《规范》附录B中的项目名称；

（3）附录B中的项目特征，包括项目的要求及材料的规格、型号、材质等特征要求；

（4）拟建工程的实际情况。

其中，项目特征是招标人清单编制质量的重要体现，是决定清单综合单价的重要因素，是投标人投标报价的参考，也是后期索赔的依据。

3．计量单位

各清单工程量计量单位均应按《规范》附录B中各分部分项工程规定的"计量单位"执行。

4．工程量计算

工程量清单表中的工程数量应按所列工程子目逐项计算，计算应按《规范》附录B中的工程量计算规则进行，计算式应符合规则的要求。工程量的有效位数应遵循以下规定：

a．以"吨"为单位的，保留小数点后三位数，第四位四舍五入。

b．以"m^3""m^2""m"为单位的，保留小数点后两位数，第三位四舍五入。

c．以"个""项"为单位的，应取整数。

四、工程量清单报价案例

［例14-1］表14-1为某事业单位公共实训大楼装修工程工程量清单的一小部分。试计算该项工程此部分的造价。

（已知安全文明施工基本费率为0.9%，考评费率为0.5%，奖励费率为0.5%，已完工程及设备保护费费率为0.3%，工程排污费费率为0.1%，临时设施费费率为0.9%，社会保障费费率为2.39%，住房公积金费率为0.38%，税率为3.44%）

表14-1　　　　　　　　　　　工程量清单表

序号	项目编码	项目名称	项目特征描述	计量单位	工程量	备注
		实训室3				
1	020101001003	水泥砂浆楼地面	水泥砂浆地面找平25mm	m^2	159	
2	020104003002	防静电活动地板	钢质抗静电地板600×600×30	m^2	159	
3	020302001003	天棚吊顶	φ8镀锌全丝牙吊杆、C50系列U型龙骨600×400简单，铝塑板吊顶	m^2	159	
4	020209001003	隔断	轻钢龙骨石膏板隔墙，批腻子三遍，自粘胶带，乳胶漆三遍	m^2	84.84	
5	020105007003	成品踢脚线	不锈钢镜面踢脚线	m	30.9	

【解】

根据招标文件总说明及相关要求进行投标报价。其中，根据市场价格调研，结合本项目实际情况，主要材料单价和人工费单价均以公司上个项目为参考，按照投标文件格式编制打印成套报价文件。投标文件中的主要表格如下。

表-04 单位工程投标报价汇总表

工程名称：××局实训基地装修工程　　　　　标段：装饰　　　　　第 1 页 共 1 页

序号	汇总内容	费率	金额/元	其中：暂估价/元
1	分部分项工程		161809.23	
1.1	实训室3		161809.23	
2	措施项目		5016.09	
2.1	安全文明施工费	0.9%	1456.28	
2.2	已完工程及设备保护费费率	0.3%	485.43	
2.3	考评费率	0.5%	809.05	
2.4	奖励费率	0.5%	809.05	
2.5	临时设施费率	0.9%	1456.28	
3	其他项目			
3.1	暂列金额			
3.2	专业工程暂估价			
3.3	计日工			
3.4	总承包服务费			
4	规费		4787.89	
4.1	工程排污费	0.1%	166.83	
4.2	社会保障费	2.39%	3987.13	3867.24
4.3	住房公积金	0.38%	633.94	614.88
5	税金	3.44%	5903.49	5566.24
	投标报价合计=1+2+3+4+5		177516.70	0

表-08 分部分项工程量清单与计价表

工程名称：××局实训基地装修工程　　　　　标段：装饰　　　　　第 1 页 共 1 页

序号	项目编码	项目名称	项目特征描述	计量单位	工程量	综合单价	合价	其中：暂估价
		实训室3					161809.23	
1	020101001003	水泥砂浆楼地面	水泥砂浆地面找平25mm	m²	159	22.39	3560.01	
2	020104003002	防静电活动地板	钢质抗静电地板600×600×30	m²	159	644.92	102542.28	
3	020302001003	天棚吊顶	φ8镀锌全丝牙吊杆、C50系列U型龙骨600×400简单，铝塑板吊顶	m²	159	245.37	39013.83	
4	020209001003	隔断	轻钢龙骨石膏板隔墙，批腻子三遍，自粘胶带，乳胶漆三遍	m²	84.84	178.52	15145.64	
5	020105007003	成品踢脚线	不锈钢镜面踢脚线	m	30.9	50.08	1547.47	
			本页小计				161809.23	
			合计				161809.23	

第三篇 室内装饰工程预算

表-09　　　　　　　　　　　　工程量清单综合单价分析表

工程名称：××局实训基地装修工程　　　　　　标段：装饰　　　　　　第 1 页　共 5 页

| 项目编码 | 020101001003 | 项目名称 | 水泥砂浆楼地面 | 计量单位 | m² | 工程量 | 1 |

清单综合单价组成明细

定额编号	定额名称	定额单位	数量	单价					合价				
				人工费	材料费	机具费	管理费	利润	人工费	材料费	机具费	管理费	利润
13-15	找平层 水泥砂浆（厚20mm）混凝土上	10m²	0.1	80.4	67.16	4.91	21.33	10.24	8.04	6.72	0.49	2.13	1.02
13-17	找平层 水泥砂浆（厚20mm）厚度每增5mm	10m²	0.1	15.6	16.88	1.23	4.21	2.02	1.56	1.69	0.12	0.42	0.2
综合人工工日			小计						9.6	8.41	0.61	2.55	1.22
一类工95元/工日			未计价材料费						0				
清单项目综合单价									22.39				

材料费明细	主要材料名称、规格、型号	单位	数量	单价/元	合价/元	暂估单价/元	暂估合价/元
	水泥砂浆 比例1∶3	m³	0.0253	331.07	8.38		
	水	m³	0.006	4.7	0.03		
	其他材料费				—		—
	材料费小计				8.41		—

表-09　　　　　　　　　　　　工程量清单综合单价分析表

工程名称：××局实训基地装修工程　　　　　　标段：装饰　　　　　　第 2 页　共 5 页

| 项目编码 | 020104003002 | 项目名称 | 防静电活动地板 | 计量单位 | m² | 工程量 | 1 |

清单综合单价组成明细

定额编号	定额名称	定额单位	数量	单价					合价				
				人工费	材料费	机具费	管理费	利润	人工费	材料费	机具费	管理费	利润
13-134	抗静电活动地板钢质	10m²	0.1	830.4	5304.65	5	208.85	100.25	83.04	530.47	0.5	20.89	10.03
综合人工工日			小计						83.04	530.47	0.5	20.89	10.03
一类工95元/工日			未计价材料费						0				
清单项目综合单价									644.93				

材料费明细	主要材料名称、规格、型号	单位	数量	单价/元	合价/元	暂估单价/元	暂估合价/元
	抗静电全钢活动地板600×600×30	m²	1.02	520	530.4		
	棉纱头	kg	0.01	6.5	0.07		
	其他材料费				—		—
	材料费小计				530.47		—

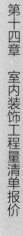

第十四章·室内装饰工程量清单报价

表-09　　　　　　　　　　　　工程量清单综合单价分析表　　　　　　　　　　　　　第 3 页　共 5 页

工程名称：××局实训基地装修工程　　　　　标段：装饰

项目编码	020302001003	项目名称	天棚吊顶	计量单位	m²	工程量	1

清单综合单价组成明细

定额编号	定额名称	定额单位	数量	单价					合价				
				人工费	材料费	机具费	管理费	利润	人工费	材料费	机具费	管理费	利润
15-39	全丝杆天棚吊筋 H=1050mm φ8	10m²	0.1		64.74	3.17	0.79	0.38		6.47	0.32	0.08	0.04
15-7	装配式U型（不上人型）轻钢龙骨 400×600 简单	10m²	0.1	225.6	447.89	3.4	57.25	27.48	22.56	44.79	0.34	5.73	2.75
15-55	铝塑板天棚面层 搁在龙骨上	10m²	0.1	111.6	1470		27.9	13.39	11.16	147		2.79	1.34
综合人工工日			小计						33.72	198.26	0.66	8.6	4.13
一类工95元/工日			未计价材料费						0				
清单项目综合单价									245.37				

	主要材料名称、规格、型号	单位	数量	单价/元	合价/元	暂估单价/元	暂估合价/元
材料费明细	其他材料费	元	0.539	1	0.54		
	镀锌丝杆	kg	0.55	9	4.95		
	胀头、胀管	套	1.326	0.5	0.66		
	双螺母双垫片φ8	副	1.326	0.6	0.8		
	轻钢龙骨（中）50×20×0.5	m	2.505	6	15.03		
	轻钢龙骨（大）50×15×1.2	m	1.368	8	10.94		
	轻钢龙骨主接件	只	0.5	1	0.5		
	轻钢龙骨次接件	只	0.9	1	0.9		
	中龙骨横撑	m	2.561	1	2.56		
	中龙骨垂直吊件	只	3.08	1	3.08		
	中龙骨平面连接件	只	9.7	1	9.7		
	大龙骨垂直吊件（轻钢）45	只	1.6	1	1.6		
	铝塑板1220×2440×3	m²	1.05	140	147		
	其他材料费				—		—
	材料费小计				198.26		—

120

第三篇　室内装饰工程预算

表-09　　　　　　　　　　工程量清单综合单价分析表

工程名称：××局实训基地装修工程　　　　　　　标段：装饰　　　　　　　

项目编码	020209001003	项目名称		隔断	计量单位	m²	工程量		1

清单综合单价组成明细

定额编号	定额名称	定额单位	数量	单价					合价				
				人工费	材料费	机具费	管理费	利润	人工费	材料费	机具费	管理费	利润
14-180	隔墙轻钢龙骨	10m²	0.1	109.2	757.74	7.5	29.18	14	10.92	75.77	0.75	2.92	1.4
14-215	石膏板墙面×2	10m²	0.1	146.4	217.32		36.6	17.57	14.64	21.73		3.66	1.76
17-175	天棚墙面板缝贴自粘胶带×2×1.3	10m	0.1	25.2	73.06		6.3	3.02	2.52	7.31		0.63	0.3
17-182	夹板面批腻子、刷乳胶漆各三遍×2	10m²	0.1	178.8	97.13		44.7	21.46	17.88	9.71		4.47	2.15
综合人工工日				小计					45.96	114.52	0.75	11.68	5.61
一类工95元/工日				未计价材料费					0				
清单项目综合单价									178.52				

	主要材料名称、规格、型号	单位	数量	单价/元	合价/元	暂估单价/元	暂估合价/元
材料费明细	其他材料费	元	0.272	1	0.27		
	U型轻钢龙骨38×25	m	1.414	15	21.21		
	U型轻钢龙骨75×40	m	2.756	15	41.34		
	膨胀螺栓M8×80	套	2.5	0.6	1.5		
	U型轻钢龙骨75×50	m	0.707	15	10.61		
	射钉	百个	0.015	21	0.32		
	橡皮垫圈	百个	0.025	30	0.75		
	铝拉铆钉LD-1	十个	0.18	0.3	0.05		
	纸面石膏板	m²	1.1	18	19.8		
	自攻螺钉M5×25～30	十个	3.45	0.56	1.93		
	羧甲基纤维素	kg	0.032	2.5	0.08		
	大白粉	kg	1.095	0.85	0.93		
	聚醋酸乙烯乳液	kg	0.11	5	0.55		
	自粘胶带	m	1.02	7	7.14		
	密封油膏	kg	0.007	6.5	0.05		
	内墙乳胶漆	kg	0.4	20	8		
	其他材料费			—			—
	材料费小计				114.53		—

第十四章　室内装饰工程量清单报价

表-09　　　　　　　　　　　工程量清单综合单价分析表

工程名称：××局实训基地装修工程　　　　　　标段：装饰　　　　　　第 5 页　共 5 页

项目编码	020105007003	项目名称	成品踢脚线	计量单位	m²	工程量	1

清单综合单价组成明细

定额编号	定额名称	定额单位	数量	单价					合价				
				人工费	材料费	机具费	管理费	利润	人工费	材料费	机具费	管理费	利润
13-129	成品不锈钢镜面踢脚线	10m	0.1	78	389.42	3.28	20.32	9.75	7.8	38.94	0.33	2.03	0.98
综合人工工日				小计					7.8	38.94	0.33	2.03	0.98
一类工95元/工日				未计价材料费					0				
清单项目综合单价								50.08					

材料费明细	主要材料名称、规格、型号	单位	数量	单价/元	合价/元	暂估单价/元	暂估合价/元
	普通木成材	m³	0.0002	1600	0.32		
	细木工板 δ12mm	m²	0.105	42	4.41		
	不锈钢踢脚线（成品）δ1mm	m²	0.105	320	33.6		
	万能胶	kg	0.0032	20	0.06		
	铁钉70mm	kg	0.012	4.2	0.05		
	防腐油	kg	0.037	6	0.22		
	其他材料费	元	0.276	1	0.28		
	其他材料费			—		—	
	材料费小计			—	38.94	—	

表-13　　　　　　　　　　规费、税金项目清单与计价表

工程名称：××局实训基地装修工程　　　　　　标段：装饰　　　　　　第 1 页　共 1 页

序号	项目名称	计算基础	费率/%	金额/元
1	规费	工程排污费+社会保障费+住房公积金		4773.96
1.1	工程排污费	分部分项工程+措施项目+其他项目-税后独立费	0.1	166.34
1.2	社会保障费	分部分项工程+措施项目+其他项目-税后独立费	2.39	3975.53
1.3	住房公积金	分部分项工程+措施项目+其他项目-税后独立费	0.38	632.09
2	税金	分部分项工程+措施项目+其他项目+规费-税后独立费	3.44	5886.32
合计				10660.28

表-15-2　　　　　　　　　承包人供应主要材料一览表

工程名称：××局实训基地装修工程　　　　　　标段：装饰　　　　　　第 1 页　共 1 页

序号	材料编码	材料名称	规格、型号等要求	单位	数量	单价/元	合价/元
1	02070261	橡皮垫圈		百个	2.121	30	63.63
2	03010322	铝拉铆钉	LD-1	十个	15.2712	0.3	4.58
3	03031222	自攻螺钉	M5×25～30	十个	292.698	0.56	163.91

序号	材料编码	材料名称	规格、型号等要求	单位	数量	单价/元	合价/元
4	03070114	膨胀螺栓	M8×80	套	212.1	0.6	127.26
5	03070821	胀头、胀管		套	210.834	0.5	105.42
6	03110141	镀锌丝杆		kg	87.45	9	787.05
7	03510705	铁钉	70mm	kg	0.3708	4.2	1.56
8	03512000	射钉		百个	1.2726	21	26.72
9	04010611	水泥	32.5级	kg	1641.2616	0.5	820.63
10	04030107	中砂		t	6.48057	78	505.48
11	05030600	普通木成材		m³	0.00618	1600	9.89
12	05092101	细木工板	δ12mm	m²	3.2445	42	136.27
13	07530111	抗静电全钢活动地板	600×600×30	m²	162.18	520	84333.6
14	08010200	纸面石膏板		m²	93.324	18	1679.83
15	08120515	铝塑板	1220×2440×3	m²	166.95	140	23373
16	08310113	轻钢龙骨（大）	50×15×1.2	m	217.512	8	1740.1
17	08310122	轻钢龙骨（中）	50×20×0.5	m	398.295	6	2389.77
18	08310141	U型轻钢龙骨	38×25	m	119.96376	15	1799.46
19	08310144	U型轻钢龙骨	75×40	m	233.81904	15	3507.29
20	08310145	U型轻钢龙骨	75×50	m	59.98188	15	899.73
21	08330107	大龙骨垂直吊件（轻钢）	45	只	254.4	1	254.4
22	08330111	中龙骨垂直吊件		只	489.72	1	489.72
23	08330300	轻钢龙骨主接件		只	79.5	1	79.5
24	08330301	轻钢龙骨次接件		只	143.1	1	143.1
25	08330310	中龙骨平面连接件		只	1542.3	1	1542.3
26	08330500	中龙骨横撑		m	407.199	1	407.2
27	10130706	不锈钢踢脚线（成品）	δ1mm	m²	3.2445	320	1038.24
28	11010304	内墙乳胶漆		kg	33.936	20	678.72
29	11430327	大白粉		kg	92.8998	0.85	78.96
30	12060334	防腐油		kg	1.1433	6	6.86
31	12410703	羧甲基纤维素		kg	2.71488	2.5	6.79
32	12413535	万能胶		kg	0.09888	20	1.98
33	12413544	聚醋酸乙烯乳液		kg	9.3324	5	46.66
34	12430342	自粘胶带		m	86.5368	7	605.76
35	17310706	双螺母双垫片	Φ8	副	210.834	0.6	126.5
36	31010707	密封油膏		kg	0.59388	6.5	3.86
37	31110301	棉纱头		kg	1.59	6.5	10.33
38	31150101	水		m³	2.16081	4.7	10.16
39	C00041	其他材料费		元	117.30588	1	117.31

注：①此表由投标人填写。
　　②此表中不包括由承包人提供的暂估价格材料。

课后练习

一、单选题

1. 工程量清单编制原则归纳为"四统一"，下列错误的提法是（　　）。
   A. 项目编码统一
   B. 项目名称统一
   C. 计价依据统一
   D. 工程量清单计算规则统一

2. 分部分项工程量清单项目编码为030403003001，该项目可能为（　　）工程项目。
   A. 装饰装修工程　　　B. 建筑工程
   C. 安装工程　　　　　D. 市政工程

3. 对工程量清单概念表述不正确的是（　　）。
   A. 工程量清单是包括工程数量的明细清单
   B. 工程量清单也包括工程项目相应的单价
   C. 工程量清单由招标人提供
   D. 工程量清单是招标文件的组成部分

4. 工程量清单中要提供发包人供应材料一览表，表中不必明确材料的（　　）。
   A. 名称　　　　　　　B. 单价
   C. 来源　　　　　　　D. 编码

5. 分部分项工程量清单项目编码为020501001001，该项目可能为（　　）工程项目。
   A. 门窗工程　　　　　B. 天棚工程
   C. 油漆涂料裱糊工程　D. 其他工程

6. 工程量清单所体现的核心内容是（　　）。
   A. 分项工程项目名称及其相应数量
   B. 工程量计算规则
   C. 工程量清单的标准格式
   D. 工程量清单的计量单位

7. 一墙面装饰工程，其清单编号的前四位是（　　）。
   A. 0202　　　　　　　B. 0302
   C. 0201　　　　　　　D. 0103

8. 工程量清单由几部分内容组成，其中核心部分是（　　）。
   A. 分部分项工程量清单
   B. 其他项目清单
   C. 措施项目清单
   D. 零星工作项目表

9. 实行工程量清单计价，下列说法正确的是（　　）。
   A. 业主承担工程价格波动的风险，承包商承担工程量变动的风险
   B. 业主承担工程量变动风险，承包商承担工程价格波动的风险
   C. 业主承担工程量变动和工程价格波动的风险
   D. 承包商承担工程量变动和工程价格波动的风险

10. 根据我国现行的工程量清单规范规定，单价采用的是（　　）。
   A. 人工费单价　　　　B. 工料单价
   C. 全费用单价　　　　D. 综合单价

二、多选题

1. 我国建筑产品价格市场化经历了（　　）阶段。
   A. 市场定价　　　　　B. 行业定价
   C. 国家调控价　　　　D. 国家定价
   E. 国家指导价

2. 工程量清单由（　　）等内容组成。
   A. 措施项目清单
   B. 规费清单
   C. 分部分项工程量清单
   D. 零星工作项目表
   E. 其他项目清单

3. 工程量清单计价的特点有（　　）。
   A. 自愿性　　　　　　B. 通用性
   C. 强制性　　　　　　D. 层次性
   E. 动态性

4. 分部分项工程量清单包括（　　）。
   A. 项目编码　　　　　B. 项目名称
   C. 综合单价　　　　　D. 工程数量
   E. 项目特征描述

5. 建筑装饰工程计价方法包括（　　）。
   A. 合理低价法　　　　B. 低价法
   C. 定额计价法　　　　D. 市场协商报价法
   E. 工程量清单计价法

6. 工程量清单可以作为（　　）的依据。
   A. 投标报价　　　　　B. 办理竣工结算
   C. 签订工程合同　　　D. 支付工程进度款
   E. 调整工程单价

7. 工程量清单计价模式下，分部分项工程费包括（　　）。
   A. 企业管理费　　　　B. 规费
   C. 工程排污费　　　　D. 教育费附加
   E. 人工费

8. 在施工图预算的编制过程中，准备工作阶段的工作内容主要有（　　）。

A. 熟悉图纸和预算定额　B. 编制工料分析表

C. 组织准备　　　　　　D. 资料收集

E. 现场情况的调查

9. 工程量清单应采用统一格式。由封面、（　　　）、
（　　　）、分部分项工程量清单、措施项目清单、
其他项目清单、零星工作项目表、（　　　）组成。

A. 填表须知

B. 总说明

C. 分部分项工程量清单综合单价分析表

D. 甲供材料表

E. 综合费用计算表

10. 工程量清单计价模式下，其他项目费用包括（　　　）。

A. 检验试验费　　　　　B. 计日工

C. 措施项目费　　　　　D. 专业工程暂估价

E. 总承包服务费

11. 工程量清单计价方法的作用是（　　　）。

A. 有得利于提高工程计价效率，能真正实现
快速报价

B. 有利于业主对投资进行控制

C. 满足市场经济条件下竞争的需要

D. 有利于国家对建设工程造价的宏观调控

E. 有利于中标企业精心组织施工，控制成本，
充分体现本企业的管理优势

12. 下列说法错误的是（　　　）。

A. 投标报价文件的封面上，必须同时有注册
造价人员的签字和盖章

B. 在工程量清单报价之前，我国一直实行定
额计价法

C. 国有资产投资为主的中型建设工程可以不
按工程量清单计价规范的规定执行

D. 招投标中工程量清单通常由招标方提供

E. 零星工作项目表不属于工程量清单的内容

三、计算题

某办公楼二层房间（包括卫生间）及走廊地面整体
面层装饰工程，表14-2为其工程量清单节选，试计
算该项工程的造价（已知基本费费率为0.9%，安全
文明施工费费率为0.5%，已完工程及设备保护费费
率为0.67%，工程排污费费率为0.1%，住宅工程分
户验收费率为0.08%，社会保障费费率为3.19%，
住房公积金费率为0.5%，税率为3.48%。暂定人工
费为200元/工日，300mm×300mm防滑地砖市场
价为30元/块，600mm×600mm玻化砖为70元/块，
800mm×800mm玻化砖为95元/块）。

表14-2　　　　　　　　　　　　工程量清单表

序号	清单编号	分项工程名称	单位	数量	项目特征
一		楼地面工程	m²		
1	020101001001	15mm厚水泥砂浆找平层	m²	447.51	1. 结合层厚度、砂浆配合比：1：3水泥砂浆，素水泥浆（砂浆与地砖总厚度为50mm）；2. 嵌缝材料种类：1mm铺贴缝，水泥浆擦缝
2	020102001001	300×300防滑地砖	m²	23.84	
3	020102001002	600×600玻化砖	m²	335.94	
4	020102001003	800×800玻化砖	m²	87.73	

四、讨论题

装饰工程法定利润通常为几个点？为什么有装饰工
程暴利的说法？造价人员应该如何履行岗位职责？

第十五章　室内装饰工程协商报价

目前市场上装饰公司对家装工程的承包方式较为灵活，主要方式为包工包料、部分包工包料和包工不包料。报价方式主要是市场协商报价法，主要针对大部分个体住宅装饰工程。

一、个体住宅装饰工程特点

住宅装饰工程项目具有内容多且工程量少，造价构成复杂且总造价较低的特点，如果采用工程量清单计价方法进行造价计算，需要业主有一定的专业知识才能看懂并进行操作。但是，家装工程面对的客户一般为非专业个体，为了保证每个客户在拿到预算文件时能清楚地了解自己要做的项目和单价情况，通常会采用市场协商住宅装饰工程报价法。其体系基本上是由直接人工费、材料费、管理费、设计费和税金组成。

住宅是一种以家庭为对象的人为生活环境，它既是家庭的标志，也是社会文明的体现。人们既希望每天住的地方舒适、整洁、美观，又希望有自己的个性和特点，所以家装设计也越来越精致且个性化，使得造价方面的差距也日益增大。另一方面，家装工程还会受到住宅户型的限制。我国目前的住宅户型主要有三类：平面户型（包括错层）、复式楼和别墅。

平面户型一般为一室一厅、两室一厅、两室两厅、三室两厅和四室两厅。这类住宅一般是大众的选择，在装饰上大部分以实用为主，单方造价相差不大。

复式楼分为上下两层，功能分区比较明显。这部分客户对生活质量的要求较高，对住房的要求除了实用和舒适外，还需要体现自己的品位与格调。此类装饰工程造价相对较高，造价差距主要反映在装饰材料上。

别墅分为独立式和联体式，是这三种户型中造价最高、最需要经济实力的一种住宅。其客户群体除了对住宅的舒适性和个性化有要求外，大多数还要求住宅要能够彰显自己的身份和地位。此类装饰工程造价最高，造价差距不只反映在装饰材料上，还反映在人工费方面。

二、住宅装饰工程计价原则及其方法

大部分家装工程虽然不需要通过招投标来确定设计与施工单位，但是，家装工程预算也要遵循现行有效的清单计价规范和相关的法律法规，这也是市场经济的必然要求。家装工程预算与计价活动要具有高度透明度，在实际操作中，必须遵循客观、公正、公平的原则，即家装工程预算与计价编制要实事求是，不弄虚作假。施工企业要公平对待所有业主，从本企业的实际情况出发，不能低于成本报价，也不能虚高报价，双方要以诚实守信的原则进行合作。

目前，市场上普遍应用的两种家装工程报价的方法是综合报价法和工料分析报价法。综合报价是根据实际消耗的人工费、材料费、施工机具使用费和管理费进行综合报价，即对直接工程费和管理费的综合报价。工料分析报价是把施工过程中所需的材料分门别类地列出来，并对完成某一项目所需的人工费、施工机具使用费等进行综合分析，形成包含人工、材料（含材料损耗率）等因素的工料分析预算报价方法。

在装饰工程的实际操作中，装饰公司的承包方式较为灵活，方式不一。有全包的，即包工包料；也有部分包工包料，如板材、油漆、瓷砖等主材由业主提供，其他辅料由施工单位承包。这些在预算编制中都要给予相应的考虑。

市场协商报价的报价表主要明确了工程费用的组成以及随工程收取的相关费用，如设计费、管理费和税金等。为了能使业主一目了然，工程项目不以分部分项划分，而是以房间划分，应尽量明确所用材料的品牌及型号。

三、市场协商报价案例

[例15-1] 设计师按照××小区业主要求，对其三居室进行现场测量，绘制了装饰设计方案图纸，依照该设计方案及相关说明，结合业主要求，预算员按照市场协商定价模式进行报价。预算表如表15-1所示。

表15-1

××小区三居室装饰设计预算表

业主姓名：　　　　　　　　　联系电话：　　　　　　　　　装修面积：119.26m²　　　　　　　　　设计师：

编号	项目名称	单位	工程量	主材 单价/元	辅材 单价/元	合价/元	人工费/元 单价	人工费/元 合价	主材及辅料、规格、品牌、等级
一	客厅、餐厅、过道、阳台工程								
1001	客厅、餐厅地砖（含5%损耗）	m²	56.00	155.00	13.00	9408.00	15.00	840.00	800×800金舵七龙珠抛光地砖
1002	客厅、餐厅地砖配套踢脚线（含5%损耗）	m²	8.00	155.00	13.00	1344.00	45.00	360.00	800×800金舵七龙珠抛光地砖加工切割
1003	客厅、餐厅、过道异形吊顶	m²	56.00	45.00	15.00	3360.00	18.00	1008.00	纸面石膏板、樟子松木龙骨
1004	客厅电视墙装饰	项	1.00	2360.00	870.00	3230.00	570.00	570.00	木龙骨、夹绢玻璃、纸面石膏板、进口墙纸、花岗岩台板
1005	门厅背景造型装饰	项	1.00	560.00	230.00	790.00	350.00	350.00	樟子松木龙骨、纸面石膏板、进口墙纸、立邦木器漆
1006	鞋柜及隔断造型	项	1.00	480.00	260.00	740.00	350.00	350.00	柚木板饰面、纸面石膏板、墙纸、立邦木器漆
1007	过道储藏柜	项	1.00	820.00	450.00	1270.00	530.00	530.00	柚木板饰面、柚木实木线条、杉木实木内板、立邦木器漆
1008	过道储藏室移门	m²	4.00	210.00	0.00	840.00	0.00	0.00	钛合金轻钢移门、普通磨砂花玻璃
1009	整体免漆实木门套、窗套线条	m	21.00	120.00	0.00	2520.00	0.00	0.00	中南木业精工免漆整体实木门套、窗套线条
1010	天然花岗岩窗台板	m²	1.00	270.00	30.00	300.00	35.00	35.00	进口英国棕花岗岩（含安装费、机械磨双边）
1011	天然花岗岩门槛	m²	0.80	320.00	10.00	264.00	15.00	12.00	进口印度红花岗岩（含安装费、机械磨单边）
1012	顶面乳胶漆	m²	56.00	7.00	8.00	840.00	7.00	392.00	金装多乐士喷涂（五批二喷）
1013	墙面乳胶漆	m²	150.00	7.00	8.00	2250.00	7.00	1050.00	金装多乐士喷涂（五批二喷）
1014	阳台地砖（含5%损耗）	m²	8.00	48.00	13.00	488.00	12.00	96.00	400×400金达雅仿古砖
1015	阳台墙砖（含5%损耗）	m²	16.00	89.00	13.00	1632.00	16.00	256.00	300×450金舵浅色墙砖
1016	阳台移门	m²	6.60	210.00	0.00	1386.00	0.00	0.00	钛合金轻钢移门、普通磨砂花玻璃
1017	阳台拖把池	只	1.00	160.00	0.00	160.00	0.00	0.00	京陶JT0401
1018	阳台拖把池、洗衣机龙头	只	2.00	20.00	0.00	40.00	0.00	0.00	连安装
1019	阳台顶面乳胶漆	m²	8.00	7.00	8.00	120.00	7.00	56.00	金装多乐士喷涂（五批二喷）
小计						30982.00		5905.00	

续表

编号	项目名称	单位	工程量	主材 单价/元	辅材 单价/元	合价/元	人工费/元 单价	人工费/元 合价	主材及辅料、规格、品牌、等级
二	厨房工程								
2001	厨房地砖（含5%损耗）	m²	7.50	98.00	13.00	832.50	15.00	112.50	600×600金舵金韵石抛光地砖
2002	厨房墙砖（含8%损耗）	m²	27.00	89.00	13.00	2754.00	16.00	432.00	300×450金舵浅色墙砖
2003	厨房移门	m²	3.00	210.00	0.00	630.00	0.00	0.00	钛合金轻钢移门、普通磨砂玻璃
2004	整体免漆实木门套线条	m	16.00	120.00	0.00	1920.00	0.00	0.00	中南木业精工免漆整体实木门套线条
2005	厨房吊顶	m²	7.50	82.00	18.00	750.00	22.00	165.00	白色铝塑板、木龙骨、FC板（水泥压力板）
2006	厨柜上下柜体	m	6.00	180.00	35.00	1290.00	80.00	480.00	双面杉实木板、铝塑板贴面
2007	水晶板柜门	m²	7.50	290.00	15.00	2287.50	50.00	375.00	颜色到时选定
2008	厨柜人造大理石台面	m	6.00	320.00	30.00	2100.00	35.00	210.00	人造大理石台板
2009	厨房不锈钢菜盆及龙头	项	1.00	960.00	0.00	960.00	60.00	60.00	科乐不锈钢双盆水池及广东科宝龙头
2010	厨房配件	项	1.00	580.00	0.00	580.00	50.00	50.00	垃圾桶、拉手、拉篮、铰链等
2011	天然花岗岩门槛	m²	0.90	320.00	10.00	297.00	15.00	13.50	进口印度红花岗岩（含安装费、机械磨单边）
小计						14401.00		1898.00	
三	卫生间工程								
3001	主卫地砖（含5%损耗）	m²	6.50	75.00	13.00	572.00	12.00	78.00	300×300金舵配套地砖
3002	主卫墙砖（含8%损耗）	m²	24.00	89.00	13.00	2448.00	16.00	384.00	300×450金舵浅色墙砖
3003	主卫腰线	片	30.00	18.00	2.00	600.00	2.00	60.00	10×30金舵腰线
3004	客卫地砖（含5%损耗）	m²	5.00	75.00	13.00	440.00	12.00	60.00	300×300金舵配套地砖
3005	客卫墙砖（含8%损耗）	m²	29.00	89.00	13.00	2958.00	16.00	464.00	300×450金舵浅色墙砖
3006	客卫腰线	片	26.00	17.00	2.00	494.00	2.00	52.00	10×30金舵腰线
3007	卫生间防水	m²	11.50	30.00	0.00	345.00	5.00	57.50	专用防水胶。注：卫生间地面防水层
3008	卫生间整体免漆实木门及门套线条	扇	2.00	1750.00	0.00	3500.00	100.00	200.00	中南木业精工免漆整体实木门及门套线条

续表

编号	项目名称	单位	工程量	主材 单价/元	辅材 单价/元	合价/元	人工费/元 单价	人工费/元 合价	主材及辅料、规格、品牌、等级
3009	卫生间门锁安装	把	2.00	75.00	5.00	160.00	15.00	30.00	广东折手锁
3010	卫生间吊顶	m²	11.50	65.00	15.00	920.00	18.00	207.00	UPVC塑扣板、木龙骨
3011	卫生间角线	m	19.00	4.00	2.00	114.00	5.00	95.00	3.0㎝老化角线
3012	卫生间盆柜	只	2.00	580.00	260.00	1680.00	280.00	560.00	水晶板柜门、杉木板柜体、进口黑金沙花岗岩台板
3013	卫生间台盆	只	2.00	320.00	0.00	640.00	0.00	0.00	TOTO台下盆LW546B
3014	浴缸（南方连下水）	只	1.00	4500.00	150.00	4650.00	0.00	0.00	法恩莎冲浪浴缸1500×1500
3015	坐便器（连体型）带缓降盖头	只	2.00	1950.00	150.00	4200.00	0.00	0.00	TOTO坐便器CW864
3016	钢化玻璃简易淋浴房	只	1.00	1900.00	150.00	2050.00	0.00	0.00	钢化玻璃简易淋浴房
3017	车边银镜	只	2.00	180.00	0.00	360.00	0.00	0.00	
3018	台盆、浴缸龙头	套	2.00	680.00	0.00	1360.00	0.00	0.00	科宝龙头
3019	卫浴五金件	套	2.00	260.00	0.00	520.00	0.00	0.00	毛巾架、纸巾盒
3020	天然花岗岩门槛	m²	0.60	320.00	10.00	198.00	15.00	9.00	进口印度红花岗岩（含安装费、机械磨单边）
小计						28209.00		2256.50	
四	主卧室工程								
4001	主卧室床背景	项	1.00	580.00	230.00	810.00	250.00	250.00	纸面石膏板、樟子松木龙骨、装饰墙纸
4002	主卧室打地楞	m²	21.00	25.00	8.00	693.00	10.00	210.00	樟子松木龙骨
4003	主卧室地板铺设（含8%损耗）	m²	21.00	228.00	0.00	4788.00	0.00	0.00	上海富昌实木免漆地板含安装费（按购买时市场实际价格计算）
4004	主卧室踢脚线及安装	m	21.00	15.00	2.00	357.00	4.00	84.00	免漆踢脚线
4005	主卧室异形吊顶	m²	21.00	45.00	15.00	1260.00	18.00	378.00	纸面石膏板、樟子松木龙骨
4006	主卧室整体免漆实木门及门套线条	扇	1.00	1750.00	0.00	1750.00	100.00	100.00	中南木业精工免漆整体实木门及门套线条
4007	主卧室门锁安装	把	1.00	75.00	5.00	80.00	15.00	15.00	广东折手锁

编号	项目名称	单位	工程量	单价/元		合价/元	人工费/元		主材及辅料，规格、品牌、等级
				主材	辅材		单价	合价	
4008	主卧室整体免漆实木窗套线条	m	6.60	120.00	0.00	792.00	0.00	0.00	中南木业精工免漆整体实木窗套线条
4009	主卧窗帘盒	m	3.56	15.00	2.00	60.52	3.00	10.68	樟子松木龙骨、纸面石膏板、白色乳胶漆
4010	天然花岗岩窗台板	m²	2.00	270.00	30.00	600.00	35.00	70.00	进口英国棕花岗岩（含安装费、机械磨双边）
4011	主卧室挂衣柜（移门）	项	1.00	760.00	380.00	1140.00	470.00	470.00	樟子松木龙骨、柚木板饰面、柳桉实木线条，立邦木器漆喷漆
4012	主卧室顶面乳胶漆	m²	21.00	7.00	8.00	315.00	7.00	147.00	金装多乐士喷涂（五批二喷）
4013	主卧室墙面乳胶漆	m²	59.00	7.00	8.00	885.00	7.00	413.00	金装多乐士喷涂（五批二喷）
小计						13530.52		2147.68	
五	书房、次卧室工程								
5001	书房、次卧室打地楞	m²	25.00	25.00	8.00	825.00	10.00	250.00	樟子松木龙骨
5002	书房、次卧室地板铺设（含8%损耗）	m²	25.00	228.00	0.00	5700.00	0.00	0.00	上海富昌实木免漆地板含安装费（按购买时市场价格计算）
5003	书房、次卧室踢脚线及安装	m	24.00	15.00	2.00	408.00	4.00	96.00	免漆踢脚线
5004	书房、次卧室吊平顶	m²	25.00	45.00	15.00	1500.00	18.00	450.00	纸面石膏板、樟子松木龙骨
5005	次卧室整体免漆实木门及门套线条	扇	1.00	1750.00	0.00	1750.00	100.00	100.00	中南木业精工免漆整体实木门及门套线条
5006	次卧室门锁安装	把	1.00	75.00	5.00	80.00	15.00	15.00	广东折手锁
5007	书房移门	m²	5.00	210.00	0.00	1050.00	0.00	0.00	钛合金轻钢移门，普通磨砂玻璃
5008	书房整体免漆实木门套、窗套线条	m	22.00	120.00	0.00	2640.00	0.00	0.00	中南木业精工免漆整体实木门套、窗套线条
5009	书房、次卧窗帘盒	m	6.32	15.00	2.00	107.44	3.00	18.96	樟子松木龙骨、纸面石膏板、白色乳胶漆
5010	书房异形天然花岗岩窗台板	m²	1.60	360.00	30.00	624.00	35.00	56.00	进口英国棕花岗岩窗台板（含安装费、机械磨双边）
5011	次卧室挂衣柜（移门）	项	1.00	760.00	320.00	1080.00	450.00	450.00	樟子松木龙骨、柚木板饰面、柳桉实木线条，立邦木器漆喷漆

续表

编号	项目名称	单位	工程量	主材 单价/元	辅材 单价/元	合价/元	人工费/元 单价	人工费/元 合价	主材及辅料、规格、品牌、等级
5012	书房书柜	项	1.00	560.00	320.00	880.00	530.00	530.00	樟子松木龙骨，柚木板饰面，柚木实木线条，立邦木器漆喷涂
5013	书房、次卧室顶面乳胶漆	m²	25.00	7.00	8.00	375.00	7.00	175.00	金装多乐士喷涂（五批二喷）
5014	书房、次卧室墙面乳胶漆	m²	75.00	7.00	8.00	1125.00	7.00	525.00	金装多乐士喷涂（五批二喷）
小计						18144.44		2665.96	
六	水电工程								
6001	PPR4分热水管	m	150.00	10.00	0.00	1500.00	0.00	0.00	浙江中财4分管
6002	水管配件	项	1.00	1780.00	0.00	1780.00	0.00	0.00	三角阀、软管、朝阳角阀、内丝弯、45°弯等
6003	浴霸	只	2.00	380.00	0.00	760.00	0.00	0.00	香港奥普
6004	不锈钢地漏	只	2.00	15.00	0.00	30.00	0.00	0.00	不锈钢地漏
6005	4分线管	m	320.00	1.50	0.00	480.00	0.00	0.00	浙江中财线管
6006	线管配件	项	1.00	370.00	0.00	370.00	0.00	0.00	管卡、束接、弯头等
6007	1.5m²电线	卷	6.00	155.00	0.00	930.00	0.00	0.00	远东电线
6008	2.5m²电线	卷	6.00	205.00	0.00	1230.00	0.00	0.00	远东电线
6009	4m²电线	卷	4.00	280.00	0.00	1120.00	0.00	0.00	远东电线
6010	有线电视线	卷	1.00	0.00	0.00	0.00	0.00	0.00	远东电线
6011	8芯网线	卷	1.00	0.00	0.00	0.00	0.00	0.00	深圳产专用8芯网线
6012	电视分配器	只	1.00	40.00	0.00	40.00	0.00	0.00	五分配（深圳产）
6013	射灯、洞灯、光带	项	1.00	800.00	0.00	800.00	0.00	0.00	（吸顶灯、艺术吊灯、镜前灯除外）
6014	电话线、电视线控制盒	只	2.00	25.00	0.00	50.00	0.00	0.00	
6015	86型暗盒	项	1.00	70.00	0.00	70.00	0.00	0.00	
6016	开关、插座	项	1.00	2100.00	0.00	2100.00	0.00	0.00	松下大板开关、插座、漏电开关及单片

续表

编号	项目名称	单位	工程量	主材 单价/元	辅材 单价/元	合价/元	人工费/元 单价	合价	主材及辅料、规格、品牌、等级
6017	水电工资	m²	153.00	0.00		0.00	15.00	2295.00	
6018	厨房间/卫生间防水								免费
小计						11260.00		2295.00	
七	独立费								
7001	垃圾清运费	m²	153.00	0.00	0.00	0.00	6.00	918.00	不含甲供材料
7002	材料搬运费、材料车运费	m²	153.00	0.00	0.00	0.00	20.00	3060.00	不含甲供材料
7003	新建墙体	m²	0.00	0.00	0.00	0.00		0.00	
7004	拆除墙体	m²			0.00	0.00		0.00	
小计								3978.00	
	工料费合计					116526.96		21146.14	
八	其他项目								
8001	设计费			2%				2753.46	
8002	管理费			0				0	免费
8003	税金			3.445%					依据发票金额计算
	总计							140426.60	

甲方：××装饰工程有限公司　　　　　　　　预算员：　　　　　　　　编制时间：2013.3.16

说明：1. 本公司严格按照国家规范规定及监理公司要求施工。
2. 业主如需更换材料品牌，价格另议。
3. 业主如需中途增加工程项目，由双方另行商议。
4. 业主如需中途删减项目中所列工程项目，按所删减项目原报价的20%收取管理费。
5. 出于安全考虑，本公司不负责煤气管的安装、移位以实际操作为准。
6. 以上项目如有实际操作不相符的，均以实际操作为准。
7. 施工期间水电费由客户承担。
8. 此报价单解释权在××装饰工程有限公司。

[**例15-2**] [例15-1] 中的室内装修施工完成后，设计师又应业主要求，为其客厅进行了软装设计，并提供了报价表，如表15-2所示。

表15-2　　　　　　　　　　客厅软装清单报价表

编号	产品图片	名称	材质	尺寸/mm	单位	数量	单价/元	金额/元
1		茶几	木质烤漆、钢化玻璃面	1400×600×400	个	1	1800	1800
2		沙发	布艺	3500×2000	套	1	4800	4800
3		电视柜	木质烤漆	2000×450×400	个	1	1700	1700
4		边几	亚克力	450×450×450	个	1	1180	1180
5		灯具	水晶吸顶灯	直径800	个	1	1280	1280
6		窗帘	布艺	8000×2650	米	8	75	600
7		装饰画	木质	500×500	个	3	400	1200
8		摆件	不锈钢	82×76×114	个	1	320	320
客厅软装总造价		大写：壹万贰仟捌佰捌拾元整						12880

注：软装修、软装饰，英文为decorations display，在商业空间与居住空间中，所有可移动的元素统称软装。软装的元素包括家具、装饰画、陶瓷、花艺绿植、窗帘布艺、灯饰、其他装饰摆件等。

第十五章　室内装饰工程协商报价

课后练习

一、单选题

1. 工料分析报价时进行综合分析的诸因素中，不包括（　　）。
   A. 人工
   B. 材料损耗率
   C. 材料
   D. 机械

2. 市场协商报价表中不必要明确的项目有（　　）。
   A. 人工单价
   B. 工程数量
   C. 材料供应商
   D. 材料规格

3. 下列说法错误的是：（　　）。
   A. 市场协商报价的报价表主要明确工程费用的组成内容
   B. 市场协商报价也必须遵循客观、公正、公平的原则
   C. 家装工程预算不需要遵循《建设工程工程量清单计价规范》
   D. 目前大部分个体住宅装饰工程采用市场协商报价法

4. 住宅装饰市场协商报价中，人工费共计29580.60元，材料费共计147532.40元，设计费和管理费各提2%，其工程预算费用为（　　）。
   A. 177113.00元
   B. 184197.50元
   C. 178296.20元
   D. 17856.29元

5. 市场协商报价中综合报价通常是以（　　）和管理费的综合报价。
   A. 直接工程费
   B. 人工费
   C. 材料费
   D. 施工机具使用费

二、多选题

1. 市场协商报价法主要针对个体住宅装饰工程，其报价体系基本上是由直接人工费和（　　）组成。
   A. 材料费
   B. 利润
   C. 税金
   D. 设计费
   E. 管理费

2. 目前市场上，装饰公司对家装工程的承包方式较为灵活，主要方式有（　　）。
   A. 邀请招标
   B. 公开招标
   C. 包工包料
   D. 部分包工包料
   E. 包工不包料

3. 目前市场上家装工程的报价，普遍应用的方法是（　　）。
   A. 清单报价法
   B. 综合单价法
   C. 工料分析报价法
   D. 综合报价法
   E. 定额单价法

4. 关于市场协商报价，下列说法正确的是：（　　）。
   A. 通过招投标中标后才进行市场协商报价
   B. 不能虚高报价
   C. 不能低于成本报价
   D. 公平对待所有业主
   E. 总费用中材料费占的份额最大

5. 住宅装饰市场协商报价中，通常包括下列哪些费用（　　）。
   A. 人工费
   B. 材料费
   C. 机具使用费
   D. 规费
   E. 税金

三、练习题

收集所在城市装饰公司的市场协商报价单并进行分析解读。

四、讨论题

1. 在竞争激烈的家装市场，设计师如何通过报价赢得客户？

2. 对于非专业的家装客户，设计师应该坚守哪些职业道德？

第三篇　室内装饰工程预算

参考
文献
REFERENCE

[1] 江苏省建设厅. 江苏省建筑与装饰工程计价定额［M］. 南京：江苏凤凰科学技术出版社，2014.

[2] 江苏省建设厅. 江苏省仿古建筑与园林工程计价表［M］. 南京：江苏人民出版社，2007.

[3] 江苏省建设工程造价管理总站. 工程造价基础理论［M］. 南京：江苏凤凰科学技术出版社，2014.

[4] 张国栋. 图解园林绿化工程工程量清单计算手册［M］. 2版. 北京：机械工业出版社，2017.

[5] 住房城乡建设部、财政部. 建筑安装工程费用项目组成［Z］. 2013-07-01.

学习
网站

[1] 中国建设工程造价管理协会—全国造价工程师管理系统
[2] 广联达服务新干线
[3] 各省工程造价信息网（如山西省建设工程造价信息网）
[4] 各省招标网
[5] 各市招标网

各章课后练习答案

后记
POSTSCRIPT

关于预算的教材有很多，但针对艺术类专业的不多，适用于高职院校艺术类专业教学参考的更少。为此，笔者结合多年的教学、实践成果，充分考量当下的专业教学参考需求，尝试填补这一空白。

笔者综合了多年企业工作与高职任教的经验，整合了在高职院校进行专业建设和课程改革的成果，以及主持完成的"《预决算》课程教学改革研究"课题成果，针对高职院校艺术类专业培养技能型人才的目标，编写了这本适用于实训教学的教材。

本教材的编写也得到了江苏省评标专家、高级工程师蔺敬跃先生的鼎力支持和大力投入，编写过程中，得到了林家阳教授和徐南主任的指教。在此，一并表示最真诚的谢意！

由于笔者能力有限，本教材在某些方面难免存在不足，希望各位使用教材的老师和同学们多提宝贵意见。

刘美英